装配式混凝土建筑口袋书

构 件 安 装

Erection of Component for PC Buildings

主编 杜常岭

参编 李 营 张晓峰

U0394559

机械工业出版社
CHINA MACHINE PRESS

本书由装配式混凝土建筑构件安装经验丰富的作者团队编写而成，以"立足实际操作，兼顾系统知识"为特色，从装配式混凝土建筑构件安装的实际操作规程、细节和要点入手，以简洁精练、通俗易懂的语言配合丰富的实际安装过程中的图片和案例，对装配式混凝土构件安装作业的工艺流程进行了细致的讲解。本书可作为装配式建筑构件施工及安装企业的培训手册、操作规程手册和管理手册来使用，也是装配式混凝土建筑构件施工安装领域一线管理和技术人员案头必备的工具书。

　　本书适用于装配式建筑施工安装企业的技术工人、一线管理人员和技术人员，对于总包单位技术人员以及工程监理人员、甲方技术人员、构件生产企业的技术人员等也有很好的借鉴、参考和学习价值。

图书在版编目（CIP）数据

装配式混凝土建筑口袋书. 构件安装/杜常岭主编.—北京：机械工业出版社，2019.1
ISBN 978-7-111-61119-6

Ⅰ.①装… Ⅱ.①杜… Ⅲ.①装配式混凝土结构－装配式构件－建筑安装 Ⅳ.①TU37

中国版本图书馆 CIP 数据核字（2018）第 231903 号

机械工业出版社（北京市百万庄大街22号　邮政编码100037）
策划编辑：薛俊高　责任编辑：薛俊高
封面设计：张　静　责任校对：刘时光
责任印制：孙　炜
天津翔远印刷有限公司印刷
2019 年 1 月第 1 版第 1 次印刷
119mm×165mm・7.5 印张・161 千字
标准书号：ISBN 978-7-111-61119-6
定价：29.00 元

凡购本书，如有缺页、倒页、脱页，由本社发行部调换

电话服务　　　　　　　　　　网络服务
服务咨询热线：010-88361066　机 工 官 网：www.cmpbook.com
读者购书热线：010-68326294　机 工 官 博：weibo.com/cmp1952
　　　　　　　010-88379203　金 书 网：www.golden-book.com
封面无防伪标均为盗版　　　教育服务网：www.cmpedu.com

本书编委会

主　任　郭学明

副主任　许德民　张玉波

编　委　李　营　杜常岭　黄　营　潘　峰
　　　　　高　中　张　健　李　睿　樊向阳
　　　　　刘志航　张晓峰　黄　鑫　张长飞
　　　　　郭学民

前　言

我非常荣幸地成为"装配式混凝土建筑口袋书编委会"的成员，并担任《构件安装》一册的主编。

无论装配式建筑有多么大的优势，也无论装配式建筑方案制定得多么完美、设计得多么先进合理，最终的品质还是靠一线的技术人员、管理人员和技术工人来实现的。所以，装配式建筑项目成败的关键很大程度上取决于一线人员是否按照正确的方式进行规范的作业，做出合格优质的装配式工程。装配式建筑开展几年来的实践也证明，所有的优质装配式建筑工程一定是由经过严格系统培训的、掌握了装配式建筑技术和操作技能的一线人员严格按照设计和规范要求精心作业而实现的。凡是出现很多问题的装配式建筑工程都是因为不知其所以然，蛮干、乱干所造成的。所以，装配式建筑健康发展的当务之急是从事装配式建筑的一线技术人员、管理人员和技术工人真正掌握装配式建筑的原理、工艺和操作规程。

本书就是出于这个目的，聚焦于装配式混凝土建筑非常重要的环节——预制构件安装进行写作的，目的是作为一线人员的工具书、作业指导书和操作规程，让一线人员按照正确的流程、正确的工法进行作业，保证装配式混凝土建筑的品质，真正实现装配式混凝土建筑的优势。

本书在以郭学明先生为主任、许德民先生和张玉波先生为副主任的编委会指导下，以《装配式混凝土结构建筑的设计、制作与施工》（主编郭学明）及《装配式混凝土建筑施工安装200问》（丛书主编郭学明、主编杜常岭）两本技术书籍为基础，以相关国家规范及行业规范为依据，结合各位作者丰富的多年实际施工经验，以简洁精练、通俗易懂的语言配合丰富的现场图片和实际案例，在装配式混凝土建筑预制构件安装的原理、工艺、工法、设备等诸多方面进行了全面的深化、细化和拓展，以方便和适合一线人员的实际使用。

编委会主任郭学明先生指导、制定了本书的框架及章节提纲，给出了具体的写作意见，并进行了全书的书稿审核；编委会副主任许德民先生对全书进行了校对、修改和具体审核；编委会副主任张玉波先生对全书进行了统稿。

本人多年来一直从事装配式混凝土建筑预制构件生产和现场施工管理及技术工作，目前专门从事装配式混凝土建筑的施工管理；参编者李营先生多年从事水泥基预制构件的技术与管理工作，曾到日本鹿岛建设株式会社和日本几家预制构件工厂进行了系统的研修，并多次去欧洲考察，近年来一直担任预制构件企业的技术副总；参编者张晓峰先生，从事过多年装配式建筑预制构件安装施工管理工作，有着非常丰富的现场管理经验，现为辽宁精润现代建筑安装工程有限公司副总经理。

本书共分 17 章。

第 1 章是装配式混凝土建筑简介，讲述了装配式建筑的基本概念，装配整体式混凝土建筑与全装配式混凝土建筑的概念，装配式混凝土建筑结构体系类型以及装配式混凝土建筑的连接方式等。

第 2 章介绍了装配式混凝土建筑的预制构件类型。

第 3 章介绍了装配式混凝土建筑的相关规范。

第 4 章至第 7 章介绍了装配式混凝土建筑施工用设备、吊具、材料及施工前准备等。

第 8 章至第 9 章描述了预制构件进场的检查与存放。

第 10 章和第 13 章是本书的核心，详细介绍了装配式混凝土建筑施工的每一个作业环节，从测量放线到预制构件安装，包括支撑的架设和单元试安装。

第 14 章至第 15 章介绍了预制构件的修补与表面处理及预制构件安装后的接缝处理。

第 16 章和第 17 章重点介绍了预制构件安装后的质量验收及安全文明施工。

我作为主编对全书进行了初步统稿，并是第 9 章、第 12～15 章、第 17 章的主要编写者；李营是第 7 章、第 8 章、第 10 章、第 11 章、第 16 章的主要编写者；张晓峰是第 1～6 章的主要编写者。其他编委会成员也通过群聊、讨论的方式为本书贡献了许多有益的内容或思路。

感谢江苏龙信五公司副总经理吴红兵先生为本书提供的资料照片以及对第 10 章提供的技术支持；感谢沈阳兆寰现代建筑构件有限公司副总工程师张晓娜女士为本书提供的帮助；感谢沈阳兆寰现代建筑构件有限公司设计师孙浩女士为本书绘制了部分插图；感谢辽宁精润现代建筑安装工程有限公司黄鑫先生、张玉环先生、刘志航先生为本书提供的资料和照片。

由于装配式混凝土建筑在我国发展较晚，有很多施工技术及施工工艺尚未成熟，正在研究探索之中，加之作者水平和经验有限，书中的难免有不足和错误，敬请读者批评指正。

本书主编　杜常岭

目　录

第1章 装配式混凝土建筑简介

本章介绍装配式建筑（1.1）、装配式混凝土建筑（1.2）、装配整体式混凝土建筑与全装配式混凝土建筑（1.3）、装配式混凝土建筑结构体系类型（1.4）、装配式混凝土建筑连接方式（1.5）。

1.1 装配式建筑

1. 常规概念

按通常意义上的理解，装配式建筑是指由预制部件通过可靠连接方式建造的建筑。按照这个理解，装配式建筑有两个主要特征：

（1）构成建筑的主要构件，特别是结构构件是预制的。

（2）预制构件的连接方式是可靠的。

2. 国家标准定义

按照2016年实施的《装配式混凝土建筑技术标准》《装配式钢结构建筑技术标准》和《装配式木结构建筑技术标准》这三个国家标准中关于装配式建筑的定义，装配式建筑是指"结构系统、外围护系统、内装系统、设备与管线系统的主要部分采用预制部品部件集成的建筑。"

这个定义强调装配式建筑是4个系统（而不仅仅是结构系统）的主要部分采用预制部品部件集成（图1-1）。

3. 对国家标准定义的理解

国家标准中关于装配式建筑的定义既有现实意义，又有长远意义。这个定义基于以下国情：

（1）近年来中国建筑，特别是住宅建筑的规模是人类建筑史上前所未有的，如此大的规模特别适合于建筑产业全面（而不仅仅是结构部件）实现工业化与现代化。

图 1-1　装配式建筑在国家标准定义里的 4 个系统示意图

（2）目前中国建筑标准低，适宜性、舒适度和耐久性差，仍以交付毛坯房居多，管线埋设在混凝土中，天棚无吊顶、地面不架空，排水不同层等。强调 4 个系统集成，有助于建筑标准的全面提升。

（3）中国建筑业施工工艺落后，不仅表现在结构施工方面，还体现在设备管线系统和内装系统方面，标准化、模块化程度低，与发达国家比较还有较大的差距。

（4）由于建筑标准低和施工工艺落后，材料、能源消耗高，因此建筑工程是节能减排的重要战场。

鉴于以上各点，强调 4 个系统的集成，不仅是"补课"的需要，更是适应现实、面向未来的需要。通过推广以 4 个系统集成为主要特征的装配式建筑，对于我国全面提升建筑现代化水平，提高环境效益、社会效益和经济效益都有着非常积极的长远意义。

4. 装配式建筑的分类

（1）现代装配式建筑按主体结构材料分类，有装配式混凝土建筑（图 1-2）、装配式钢结构建筑（图 1-3）、装配式木结构建筑（图 1-4）和装配式组合结构建筑（图 1-5）等。

图 1-2 装配式混凝土建筑（沈阳丽水新城——中国最早的一批装配式建筑）

图 1-3 装配式钢结构建筑（美国科罗拉多州空军小教堂）

图 1-4 世界最高的装配式木结构建筑（温哥华 UBC 大学学生公寓楼，53m）

图 1-5 装配式组合结构建筑（东京鹿岛赤坂大厦——混凝土结构与钢结构组合）

（2）装配式建筑按结构体系分类，有框架结构、框架-剪力墙结构、筒体结构、剪力墙结构、无梁板结构、空间薄壁结构、悬索结构、预制钢筋混凝土柱单层厂房结构等。

1.2 装配式混凝土建筑

1. 装配式混凝土建筑的定义

按照装配式混凝土建筑国家标准的定义，装配式混凝土建筑是指"建筑的结构系统由混凝土部件构成的装配式建筑"。而装配式建筑又是结构、外围护、内装和设备管线系统的主要部品部件预制集成的建筑。如此，装配式混凝土建筑有两个主要特征：

第一个特征是构成建筑结构的主要构件是混凝土预制构件。

第二个特征是结构、外围护、内装和设备管线等4个系统的主要部品部件是预制集成的。

国际建筑界习惯把装配式混凝土建筑简称为 PC 建筑。PC 是英语 Precast Concrete 的缩写，是预制混凝土的意思。

2. 装配式混凝土建筑的预制率和装配率

近年来，国家和各级政府主管建筑的部门在推广装配式建筑，特别是装配式混凝土建筑时，经常要用到预制率和装配率的概念。

（1）预制率

预制率（precast ratio）一般是指装配式混凝土建筑中，在建筑室外地坪以上的主体结构和围护结构中，预制构件部分的混凝土用量占对应部分混凝土总用量的体积比。

装配式混凝土建筑按预制率的高低可分为：小于 5% 为

局部使用预制构件；5%～20%为低预制率；20%～50%为普通预制率；50%～70%为高预制率；70%以上为超高预制率（图1-6），需要说明的是，全装配式混凝土结构的预制率最高可以达到100%，但装配整体式混凝土结构的预制率最高只能达到90%左右。

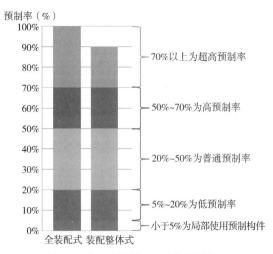

图1-6　装配式混凝土建筑的预制率

（2）装配率

按照国家标准《装配式建筑评价标准》GB/T 51129—2017 的定义，装配率（prefabrication ratio）是指单体建筑室外地坪以上的主体结构、围护墙和内隔墙、装修和设备管线等采用预制部品部件的综合比例。

装配率应根据表1-1中的评价分值按下式计算：

$$P = \frac{Q_1 + Q_2 + Q_3}{100 - Q_4} \times 100\% \qquad 式（1-1）$$

式中 P——装配率；

Q_1——主体结构指标实际得分值；

Q_2——围护墙和内隔墙指标实际得分值；

Q_3——装修与设备管线指标实际得分值；

Q_4——计算项目中缺少的计算项分值总和。

表 1-1　装配式建筑评分表

评价项		指标要求	计算分值	最低分值
主体结构（50分）	柱、支撑、承重墙、延性墙板等竖向构件	35% ≤ 比例 ≤ 80%	20 ~ 30 *	20
	梁、板、楼梯、阳台、空调板等构件	70% ≤ 比例 ≤ 80%	10 ~ 20 *	
围护墙和内隔墙（20分）	非承重围护墙非砌筑	比例 ≥ 80%	5	10
	围护墙与保温、隔热、装饰一体化	50% ≤ 比例 ≤ 80%	2 ~ 5 *	
	内隔墙非砌筑	比例 ≥ 50%	5	
	内隔墙与管线、装修一体化	50% ≤ 比例 ≤ 80%	2 ~ 5 *	
装修和设备管线（30分）	全装修	—	6	6
	干式工法的楼面、地面	比例 ≥ 70%	6	—
	集成厨房	70% ≤ 比例 ≤ 90%	3 ~ 6 *	
	集成卫生间	70% ≤ 比例 ≤ 90%	3 ~ 6 *	
	管线分离	50% ≤ 比例 ≤ 70%	4 ~ 6 *	

注：表中带"＊"项的分值采用"内插法"计算，计算结果取小数点后 1 位。

3. 国内装配式混凝土建筑的实例

我国装配式混凝土建筑的历史始于 20 世纪 50 年代，到 80 年代达至高潮，预制构件厂星罗棋布。但这些装配式混凝土建筑由于抗震、漏水、透寒等问题没有很好地解决，日渐式微，到 90 年代初期，预制板厂销声匿迹，现浇混凝土结构成为建筑舞台的主角。

进入 21 世纪后，由于建筑质量、劳动力成本和节能减排等因素，中国重新启动了装配式进程，近 10 年来取得了非常大的进展，引进了国外成熟的技术，自主研发了一些具有中国特点的技术，并建造了一些装配式混凝土建筑，积累了宝贵的经验，也得到了一些教训。

图 1-7 是中国第一个在土地出让环节加入装配式建筑要求的商业开发项目，也是中国第一个大规模采用装配式建筑方式建设的商品住宅项目——沈阳万科春河里项目的 17 号楼。

图 1-8 是目前国内应用最为广泛的剪力墙结构高层住宅。

图 1-9 是某大型装配式混凝土结构工业厂房。

图 1-10 是应用于公用建筑外围护结构的清水混凝土外墙挂板。

图 1-7　沈阳万科春河里 17 号楼（中国最早的高预制率框架结构装配式混凝土建筑）

图 1-8 上海浦江保障房（国内应用范围最广泛的剪力墙结构装配式混凝土建筑）

图 1-9 应用于大连的某大型装配式混凝土结构工业厂房（单体建筑面积超 10 万 m²）

图 1-10 应用于哈尔滨大剧院的局部清水混凝土预制外墙挂板（包含平面板、曲面板和双曲面板等）

1.3 装配整体式混凝土建筑与全装配式混凝土建筑

装配式混凝土建筑根据预制构件连接方式的不同，分为装配整体式混凝土建筑和全装配混凝土建筑。

1.3.1 装配整体式混凝土建筑

按照行业标准《装配式混凝土结构技术规程》（JGJ 1—2014，以下简称《装规》）和国家标准《装配式混凝土建筑技术标准》（GB/T 51231—2016，以下简称《装标》）的定义，装配整体式混凝土建筑是指"由预制混凝土构件通过可靠的方式进行连接并与现场后浇混凝土、水泥基灌浆料形成整体的装配式混凝土结构。"简言之，装配整体式混凝土结构的连接以"湿连接"为主要方式（图1-11），见本章第1.5节。

装配整体式混凝土结构具有较好的整体性和抗震性。目前，大多数多层和全部高层装配式混凝土建筑都是装配整体式，有抗震要求的低层装配式建筑也多是装配整体式结构。

1.3.2 全装配式混凝土建筑

全装配式混凝土结构是指预制混凝土构件靠干法连接，即用螺栓连接或焊接形成的装配式建筑。

全装配式混凝土建筑整体性和抗侧向作用的能力较差，不适于高层建筑。但它具有构件制作简单、安装便捷、工期短、成本低等优点。国外有许多低层和多层建筑采用全装配式混凝土结构，见图1-12。

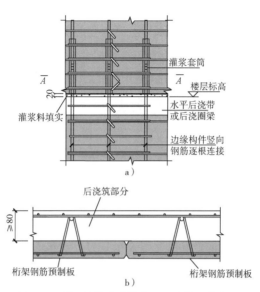

图 1-11　装配整体式建筑的"湿连接"节点图

a）灌浆套筒连接节点图　b）后浇混凝土连接节点图

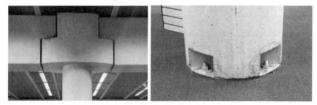

图 1-12　全装配式建筑（美国凤凰城图书馆里的"干连接"节点图）

1.4　装配式混凝土建筑结构体系类型

作为装配式混凝土建筑工程的从业者，应当对装配式混凝土建筑结构体系有大致的了解。

1.4.1　框架结构

框架结构是由柱和梁为主要构件组成的承受竖向和水平作用的结构。选用装配式建筑方案时,其预制构件可包括预制楼梯、预制叠合板、预制柱、预制梁等。此结构适用于多层和小高层装配式建筑,是应用非常广泛的结构之一,见图1-13和图1-14。

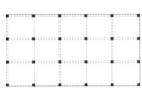

图 1-13　框架结构平面示意图　　图 1-14　框架结构立体示意图

1.4.2　框架-剪力墙结构

框架-剪力墙结构是由柱、梁和剪力墙共同承受竖向和水平作用的结构。选用装配式建筑方案时,其预制构件可包括预制楼梯、预制叠合板、预制柱、预制梁等,但其中剪力墙部分一般为现浇。此结构适用于高层装配式建筑,在国外应用较多,见图1-15和图1-16。

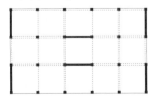

图 1-15　框架-剪力墙结构平面示意图

1.4.3 剪力墙结构

剪力墙结构是由剪力墙组成的承受竖向和水平作用的结构，剪力墙与楼盖一起组成空间体系。选用装配式建筑方案时，其预制构件可包括预制楼梯、预制叠合板、预制剪力墙等。此结构可用于多层和高层装配式建筑，在国内应用较多，国外高层建筑应用较少，见图 1-17 和图 1-18。

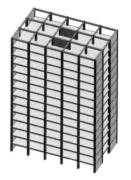

图 1-16　框架-剪力墙结构
立体示意图

图 1-17　剪力墙结构平面示意图

图 1-18　剪力墙结构
立体示意图

1.4.4 框支剪力墙结构

框支剪力墙结构是剪力墙因建筑要求不能落地，只能直接落在下层框架梁上，再由框架梁将荷载传至框架柱上的结构体系。选用装配式建筑方案时，其预制构件可包括预制楼梯、预制叠合板、预制剪力墙等，但其中下层框架部分一般为现浇。此结构可用于底部商业（大空间）、上部住宅的建筑，见图 1-19 和图 1-20。

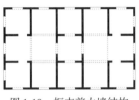

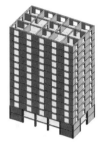

图 1-19　框支剪力墙结构
平面示意图

图 1-20　框支剪力墙
结构立体示意图

1.4.5　筒体结构

筒体结构是将剪力墙或密柱框架集中到房屋的内部和外围而形成的空间封闭式的筒体，根据内部和外围的组合不同，可分为密柱单筒结构（图 1-21 和图 1-22）、密柱双筒结构、密

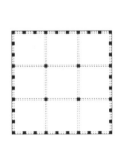

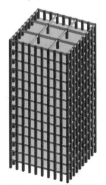

图 1-21　筒体结构
（密柱单筒）平面示意图

图 1-22　筒体结构
（密柱单筒）立体示意图

柱＋剪力墙核心筒结构、束筒结构、稀柱＋剪力墙核心筒结构等。选用装配式建筑方案时，其预制构件可包括预制楼梯、预制叠合板、预制柱、预制梁等。此结构适用于高层和超高层装配式建筑，在国外应用较多。

1.4.6　无梁板结构

无梁板结构是由柱、柱帽和楼板组成的承受竖向与水平作用的结构。选用装配式建筑方案时，其预制构件可包括预制楼梯、预制叠合板、预制柱等，适用于商场、停车场、图书馆等大空间装配式建筑，见图 1-23 和图 1-24。

图 1-23　无梁板结构平面示意图

图 1-24　无梁板结构立体示意图

1.4.7　单层厂房结构

单层厂房结构是由钢筋混凝土柱、轨道梁、预应力混凝土屋架或钢结构屋架组成的承受竖向和水平作用的结构。选用装配式建筑方案时，其预制构件可包括预制柱、预制轨道梁、预应力屋架等，适用于工业厂房装配式建筑，见图1-25和图1-26。

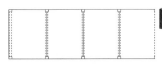

图1-25 单层厂房结构平面示意图　　　图1-26 单层厂房结构立体示意图

1.4.8 空间薄壁结构

空间薄壁结构是由曲面薄壳组成的、承受竖向与水平作用的结构。选用装配式建筑方案时，其预制构件可包括预制楼梯、预制叠合板、预制外围护挂板等，适用于大型装配式公共建筑，见图1-27。

图1-27 空间薄壁结构实例（悉尼歌剧院）

1.5 装配式混凝土建筑连接方式

1.5.1 连接方式概述

连接是装配式混凝土建筑最关键的环节，也是为保证结构安全而需要重点监理的环节。

装配式混凝土建筑的连接方式主要分为两类：湿连接和干连接。

湿连接是用混凝土或水泥基浆料与钢筋结合形成的连接，如套筒灌浆、浆锚搭接和后浇混凝土等，适用于装配整体式混凝土建筑的连接；干连接主要借助于金属连接，如螺栓连接、焊接等，适用于全装配式混凝土建筑的连接和装配整体式混凝土建筑中的外挂墙板等非主体结构构件的连接。

湿连接的核心是钢筋连接，包括套筒灌浆、浆锚搭接、机械套筒连接、注胶套筒连接、绑扎连接、焊接、锚环钢筋连接、钢索钢筋连接、后张法预应力连接等。湿连接还包括预制构件与现浇接触界面的构造处理，如键槽和粗糙面；以及其他方式的辅助连接，如型钢螺栓连接。

干连接用得最多的方式是螺栓连接、焊接和搭接。

为了使读者对装配式混凝土建筑连接方式有一个清晰的全面了解，这里给出了装配式混凝土结构连接方式，见图1-28。

1.5.2 主要连接方式简介

1. 套筒灌浆连接

套筒灌浆连接是装配整体式结构最主要的一种技术成熟的连接方式，由美国人在1970年发明，至今已经有40多年的历史，得到广泛应用，目前在日本应用最多，用于很多超高层建筑，最高的建筑有208m，是日本大阪的北浜公寓，见图1-29。日本套筒灌浆连接的装配式混凝土建筑经历过多次大地震的考验。

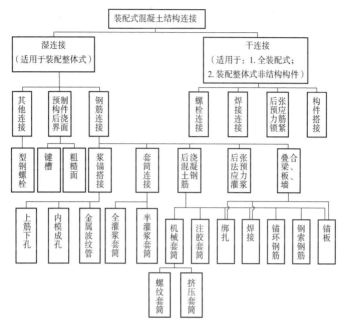

图 1-28 装配式混凝土结构连接方式一览

图 1-29 日本大阪北浜公寓

套筒灌浆连接的工作原理是：将需要连接的带肋钢筋插入金属套筒内"对接"，在套筒内注入高强早强且有微膨胀特性的灌浆料，灌浆料在套筒筒壁与钢筋之间形成较大的正向应力，在钢筋带肋的粗糙表面产生较大的摩擦力，从而传递钢筋的轴向力，见图1-30。

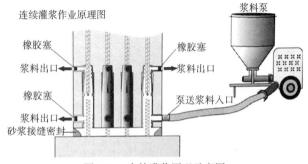

图1-30 套筒灌浆原理示意图

2. 浆锚搭接

浆锚搭接的工作原理是：将需要连接的带肋钢筋插入预制构件的预留孔道里，预留孔道内壁是螺旋形的。钢筋插入孔道后，在孔道内注入高强早强且有微膨胀特性的灌浆料，锚固住插入钢筋。在孔道旁边，是预埋在构件中的受力钢筋，插入孔道的钢筋与之"搭接"，两根钢筋共同被螺旋筋或箍筋所约束（图1-31）。

浆锚搭接螺旋孔有两种

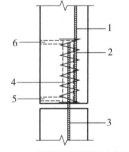

图1-31 浆锚搭接原理示意图
1—连接钢筋 2—箍筋 3—插筋
4—空腔 5—灌浆孔 6—出浆孔

成孔方式：一种方式是埋设金属波纹管成孔，另一种方式是用螺旋内模成孔。前者在实际应用中更为可靠一些。

3. 后浇混凝土

后浇混凝土是指预制构件安装后在预制构件连接区或叠合层现场浇筑的混凝土。在装配式建筑中，基础、首层、裙楼、顶层等部位的现浇混凝土，就叫现浇混凝土；连接和叠合部位的现浇混凝土叫"后浇混凝土"。

后浇混凝土是装配整体式混凝土结构非常重要的连接方式。到目前为止，世界上所有的装配整体式混凝土结构建筑，都会有后浇混凝土。

钢筋连接是后浇混凝土连接节点最重要的环节（图1-32）。后浇区钢筋连接的主要方式包括：

（1）机械（螺纹、挤压）套筒连接。

（2）注胶套筒连接（日本应用较多）。

（3）灌浆套筒连接。

（4）钢筋搭接。

（5）钢筋焊接等。

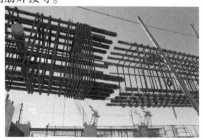

图1-32　后浇混凝土区域的受力钢筋连接

4. 粗糙面与键槽

预制混凝土构件与后浇混凝土的接触面须做成粗糙面或

键槽面，以提高抗剪能力。试验表明，不计钢筋作用的平面、粗糙面和键槽面混凝土抗剪能力的比例关系是 1∶1.6∶3，也就是说，粗糙面抗剪能力是平面的 1.6 倍，键槽面是平面的 3 倍。所以，预制构件与后浇混凝土接触面或做成粗糙面，或做成键槽面，或两者兼有。

粗糙面和键槽的实现办法：

（1）粗糙面

对于压光面（如叠合板叠合梁表面），可在混凝土初凝前"拉毛"形成粗糙面，见图 1-33。

对于模具面（如梁端、柱端表面），可在模具上涂刷缓凝剂，拆模后用水冲洗未凝固的水泥浆，露出骨料，形成粗糙面。

（2）键槽

键槽是靠模具凸凹成型的。图 1-34 是日本预制柱底部的键槽。

图 1-33　预应力叠合板压光面　　　图 1-34　日本预制柱底部的键槽
　　　　　处理成粗糙面

1.5.3　连接方式适用范围

各种结构连接方式适用的构件与结构体系见表 1-2。这里需要强调的是，套筒灌浆连接方式是竖向构件最主要的连接方式。

表 1-2 装配式混凝土结构连接方式及适用范围

类别		序号	连接方式	可连接的构件	适用范围
灌浆		1	套筒灌浆	柱、墙、梁	适用于各种结构体系高层建筑
		2	内模成孔浆锚搭接	柱、墙	房屋高度小于等于12m的框架结构，二、三级抗震的剪力墙结构（非加强端区）
		3	金属波纹管浆锚搭接	柱、墙	适用于各种结构体系高层建筑
		4	机械（螺纹、挤压）套筒钢筋连接	梁、板	适用于各种结构体系高层建筑
湿连接	后浇混凝土钢筋连接	5	注胶套筒钢筋连接	梁、楼板	适用于各种结构体系高层建筑
		6	灌浆套筒钢筋连接	梁	适用于各种结构体系高层建筑
		7	环形钢筋绑扎连接	墙板水平连接	适用于各种结构体系高层建筑
		8	直钢筋绑扎搭接	梁、楼板、阳台板、挑檐板、楼梯板固定端	适用于各种结构体系高层建筑
		9	直钢筋无绑扎搭接	双面叠合剪力墙、圆孔剪力墙	适用于剪力墙结构体系高层建筑
		10	钢筋焊接	梁、楼板、阳台板、挑檐板、楼梯板固定端	适用于各种结构体系高层建筑

（续）

类别		序号	连接方式	可连接的构件	适用范围
湿连接	后浇混凝土其他连接	11	套环连接	墙板水平连接	适用于各种结构体系高层建筑
		12	绳索套环连接	墙板水平连接	适用于多层框架结构和低层结构式结构
		13	型钢	柱	适用于框架结构体系高层建筑
	叠合构件后浇筑混凝土连接	14	钢筋折弯锚固	叠合梁、叠合板、叠合阳台等	适用于各种结构体系高层建筑
		15	钢筋锚板锚固	叠合梁	适用于各种结构体系高层建筑
	预制混凝土与后浇混凝土连接截面	16	粗糙面	各种接触后浇混凝土的预制构件	适用于各种结构体系高层建筑
		17	键槽	柱、梁等	适用于各种结构体系高层建筑
干连接		18	螺栓连接	楼梯、墙板、梁、柱	楼梯适用各种结构构件。主体结构适用框架结构或组装墙板结构低层建筑
		19	构件焊接	楼梯、墙板、梁、柱	楼梯适用各种结构构件。主体结构适用框架结构或组装墙板结构低层建筑

第2章 装配式混凝土建筑预制构件

本章介绍装配式混凝土建筑常见的预制混凝土构件（本书简称为预制构件）的种类及应用，其中包括框架结构的柱梁（2.1）、剪力墙结构的墙板（2.2）、楼板（2.3）、外挂墙板（2.4）以及其他预制构件（2.5）。

2.1 框架结构的柱梁

1. 柱

柱是建筑物中垂直的主结构件，承托它上方物件的重量。在装配式混凝土建筑中预制柱主要有以下几种类型：

（1）单层柱

单层柱按形状分为方柱（图2-1）、矩形柱、L形柱（图2-2）、圆柱（图2-3）、T形扁柱（图2-4）、带冀缘柱（图2-5）或其他异形柱。

图2-1 方柱

单层柱顶部一般与梁连接，如顶部为无梁板结构，可采用柱帽与板作过渡连接（图2-6）。

图2-2 L形柱

图 2-3　圆柱

图 2-4　T 形扁柱

图 2-5　带冀缘柱

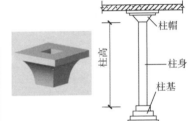

图 2-6　柱帽

（2）越层柱

越层柱就是某一层或几层为了大空间等效果，不设楼板及框架梁，采用穿越两层或多层的单根预制柱。

越层柱一般设计成方柱或圆柱。

越层柱因其高度尺寸大，在施工安装时必须制定专项施工方案，保证其具有合理可靠的翻转、起吊、安装、临时固定等措施。

（3）跨层柱

跨层柱是指穿越两层或两层以上的预制柱，与越层柱的区别是其每层都与结构梁或板连接。

跨层柱一般设计成方柱或圆柱，包括连筋柱（图 2-7）和有连接构造的柱（图 2-8）。

跨层柱与越层柱同样因其高度尺寸大，在施工安装时必须制定专项施工方案，以保证其具有合理可靠的翻转、起吊、安装、临时固定等措施。

图 2-7　跨层方柱　　　　　图 2-8　跨层圆柱

（4）工业厂房柱

工业厂房柱按受力状况分为框架柱、抗风柱、构造柱等。

常见的框架柱为了放置吊车梁等需设置外挑承重模式，一般称其为牛腿柱。牛腿柱分为单侧承重和双侧承重两种（图 2-9）。预制框架柱在施工吊装时必须制定专项方案，合理捆绑或设计专用吊具，以保证顺利安装。

图 2-9　牛腿柱（左侧为双侧承重式，右侧为单侧承重式）

2. 梁

梁是结构中的水平构件。装配式混凝土建筑中预制梁主要有以下几种类型：

（1）普通梁

普通梁包括矩形梁（图2-10）、凸形梁（图2-11）、T形梁（图2-12）、带挑耳梁（图2-13）、工字形梁（图2-14）、U形梁（图2-15）等。

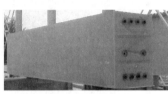

图2-10　矩形梁

图2-11　凸形梁

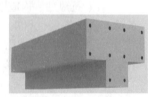

图2-12　T形梁

图2-13　带挑耳梁

图2-14　工字形梁

图2-15　U形梁

T形梁两侧挑出部分称为翼缘，中间部分称为梁肋。工字形梁由上下翼缘和中部腹板组成。

（2）叠合梁

叠合梁是分两次浇捣混凝土的梁（图2-16），首先在预制工厂做成预制梁，当预制梁在施工现场吊装完成后，再浇捣上部的混凝土，使其连成整体。

图2-16 叠合梁

（3）连体梁

连体梁也称为连筋式叠合梁，是指在预制时将多跨的主梁底部受力筋连接，梁中上部承压区用临时机具固定，在安装完成后与其他构件用现浇混凝土连接的一种梁（图2-17）。其特点是受力筋无须二次连接，保证了强度，便于施工。

图2-17 连体梁

（4）连梁

连梁是指在剪力墙结构和框架-剪力墙结构中，连接墙肢与墙肢，在墙肢平面内相连的梁（图2-18），连梁一般为叠合梁。

图2-18 连梁

3. 柱梁一体

柱梁一体预制构件是指将梁与柱或柱头整体浇筑成型的一种预制构件，一般用于大跨度框架结构体系中。在装配式混凝土建筑中柱梁一体预制构件主要有以下几种类型：

（1）单莲藕梁

单莲藕梁是指一个柱头与两侧梁整体预制成型的一体化预制构件，柱头部位预留若干用于穿插钢筋的孔洞（图2-19）。

图2-19　单莲藕梁

（2）双莲藕梁

双莲藕梁是指两个柱头与两侧的梁整体预制成型的一体化预制构件，柱头部位预留若干用于穿插钢筋的孔洞（图2-20）。

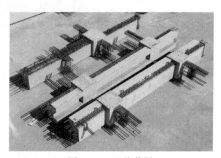

图2-20　双莲藕梁

（3）T形梁柱

T形梁柱是指单向梁与柱整体预制成型的柱梁一体化预

制构件（图 2-21）。

（4）平面十字形梁＋柱

平面十字形梁＋柱是指双向梁与柱整体预制成型的柱梁一体化预制构件（图 2-22）。

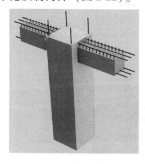

图 2-21　T 形梁柱

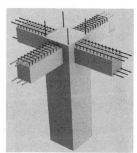

图 2-22　十字形梁柱

2.2　剪力墙结构的墙板

1.　剪力墙结构的墙板

剪力墙结构的墙板是建筑承载的主体，一般分为剪力墙内墙板和剪力墙外墙板。

剪力墙板按其形状分为标准型墙板（图 2-23）、T 形墙板（图 2-24）、L 形墙板（图2-25）、U 形墙板（图 2-26）等；按其构造形式分为实心墙板（图 2-27）、双面叠合墙板（图 2-28）、夹芯保温墙板（图 2-29）及预制圆孔墙板（图 2-30）等。

图 2-23　标准形墙板

图 2-24　T形墙板　　图 2-25　L形墙板　图 2-26　U形墙板

图 2-27　实心墙板　　　图 2-28　双面叠合墙板

图 2-29　夹芯保温墙板　　图 2-30　预制圆孔墙板

2. 框架结构和剪力墙结构主要预制构件的连接方式

在框架结构或剪力墙结构体系中，预制构件的连接方式主要为以下几种类型：

（1）柱与柱纵向连接

柱与柱纵向连接（图2-31），上层柱根部的套筒或浆锚孔与下层柱伸出的钢筋完全对应，保证误差在允许范围之内，连接方式为套筒灌浆连接（图2-32）或浆锚搭接（图2-33）。

图2-31　柱与柱连接实例

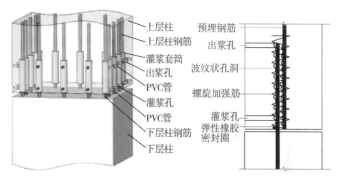

图2-32　套筒灌浆连接示意图　　图2-33　浆锚搭接示意图

（2）剪力墙与剪力墙纵向连接

剪力墙与剪力墙纵向连接，上层墙底部的套筒或浆锚孔与下层墙上方伸出的钢筋完全对应，保证误差在允许范围之内，连接方式为套筒灌浆连接或浆锚搭接，见图2-34。

（3）柱与梁垂直连接

柱与梁垂直连接方式主要有如下四种类型：

1）柱的侧面与梁连接点的位置伸出钢筋，柱与梁采用后浇混凝土连接，见图2-35。

图 2-34　墙与墙连接实例

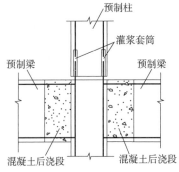

图 2-35　侧面伸出钢筋的柱与梁连接示意

2）柱梁一体化预制构件梁的部分与梁采用后浇混凝土连接。

以上两种情况的钢筋连接，国内一般采用机械套筒，日本通常采用注胶套筒，国内当作业不方便时也常采用灌浆套筒。

3）采用连藕梁时，柱与梁采用灌浆连接，见图2-36和图2-37。

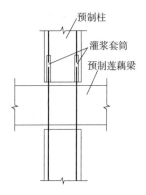

图 2-36　柱与连藕梁连接示意

4）柱与梁在柱的支座部位连接，梁的钢筋伸入到柱的支座里，柱与梁采用后浇混凝土连接，见图 2-38 和图 2-39。钢筋连接中如果钢筋锚固长度不够时，可以采用钢筋折弯、钢筋加锚固板或采用机械套筒，个别也有采用灌浆套筒连接。

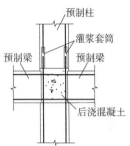

图 2-37 柱与莲藕梁连接实例　　图 2-38 柱与梁在柱的
　　　　　　　　　　　　　　　　　支座部位连接示意

（4）梁与梁连接

梁与梁连接主要有两种方式，一种是梁与梁纵向之间采用后浇混凝土连接，另一种是主梁与次梁连接，一般是从主梁侧面连接点位置伸出钢筋，主梁与次梁采用后浇混凝土连接。梁与梁的钢筋连接也多是采用机械套筒，也可采用注胶套筒或灌浆套筒，见图 2-40。

图 2-39 柱与梁在柱的支座　　　　图 2-40 梁与梁连接实例
　　　部位连接实例

2.3 楼板

在装配式混凝土建筑中预制楼板主要有以下几种类型：

1. 叠合楼板

叠合楼板是由预制底板和现浇混凝土层叠合而成的装配整体式楼板，见图2-41。

图2-41 叠合楼板

叠合楼板用作现浇混凝土层的底模，不必再另为现浇层支撑模板。叠合楼板底面光滑平整，板缝经处理后，顶棚可以不再抹灰。

叠合楼板具有现浇楼板的整体性、刚度大、抗裂性好、节约模板等优点。

叠合楼板又分为单向板和双向板。单向板两个侧边不出筋，双向板两个侧边都出筋。

2. 实心楼板

实心楼板就是在预制工厂加工生产的无中空的平面承重预制构件，见图2-42。

实心楼板分为单向板、双向板和悬挑板等。因结

图2-42 实心楼板

构简单，实心楼板特别适用于平面尺寸较小的房间，如厨房、卫生间、公共建筑的走廊等部位。在建筑设计轻量化、绿色化、实用化的发展趋势下，实心楼板逐渐被空心楼板、叠合楼板等取代。

3. 预应力空心楼板

为了提高楼板的承载力、增大跨度并控制自重，采用先张法预应力布筋方式，并在混凝土板中部非受力部位用预置芯模以减少混凝土用量，用这种组合形式预制加工的楼板称为预应力空心楼板，见图 2-43。

预应力空心楼板比普通楼板自重轻，重量约是实心楼板的一半左右，但承载力更高，尤其是承载动荷载能力更强，常用于工业厂房、桥梁等跨度较大的建筑中。

图 2-43 预应力空心楼板

4. 预应力叠合楼板

预应力叠合楼板结构是由预制的预应力薄板和现场浇筑的混凝土叠合层形成的楼板，见图 2-44。预制的预应力薄板（厚 5 ~ 8cm）与上部现浇混凝土层结合成为一个整体。

预应力叠合楼板跨度一般在 8m 以内，能广泛用

图 2-44 预应力叠合楼板

于旅馆、办公楼、学校、住宅、医院、仓库、停车场、多层

工业厂房等各种房屋建筑工程。

5. 双 T 板

双 T 板是板、梁结合的承载预制构件，由宽大的面板和两根窄而高的肋组成，其板面既是横向承重结构，又是纵向承重肋的受压区，见图 2-45。

双 T 板具有良好的结构力学性能，明确的传力层次，简洁的几何形状，是一种可制成大跨度、大覆盖面积的和比较经济的承载预制构件。一般适用于大跨度工厂的屋面。

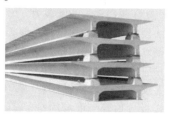

图 2-45　双 T 板

2.4　外挂墙板

装配式建筑中外挂墙板是装饰、围护一体化，并在工厂预制加工成具有各类形态或质感的预制构件。

外挂墙板按其安装方向分为横向外挂板（图 2-46）和竖向外挂板（图 2-47）；根据采光方式分为有窗外挂板（图 2-48）和无窗外挂板（图 2-49），有窗外挂板一般为连续满布式安装，无窗外挂板为

图 2-46　横向外挂板

分段安装；根据其表面肌理、造型、颜色、工艺技术等主要分为清水类、模具造型类、异形曲面类、彩色类、水磨洗出类、光影成像类等外挂墙板，见图 2-50。

图 2-47　竖向外挂板

图 2-48　有窗外挂板

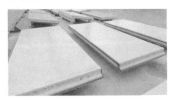
图 2-49　无窗外挂板

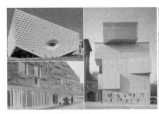

图 2-50　不同艺术造型的外挂板

外挂墙板是装配式结构的非承重外围护构件。外挂墙板与主体的节点连接方式通常采用金属连接件连接或螺栓连接，见图 2-51。

外挂墙板因其可塑性强、

图 2-51　外挂板连接节点

造型丰富、结构耐久、便于施工安装等特点，在大型艺术场馆类或公共建筑类建筑上已有广泛的应用。

2.5 其他预制构件

1. 楼梯

楼梯（图 2-52）分为梯段、平台梁、平台板三部分。

梁板式梯段由梯斜梁和踏步板组成，一般在梯斜梁支承踏步板处用水泥砂浆座浆连接，如需加强，可在梯斜梁上预埋插筋，与踏步板支承端预留孔插接，用高等级水泥砂浆或灌浆料填实。

图 2-52　楼梯

楼梯由工厂预制生产，现场安装，质量、效率可以极大提高，节约工期及人工成本，安装后无须再做饰面，外观好，结构施工段支撑少，易通行，生产工厂和安装现场无垃圾产生，在装配式建筑中应用广泛。

2. 阳台板、空调板、遮阳板

阳台板（图 2-53）、空调板（图 2-54）及遮阳板（图 2-55）等在工厂预制，可以节省工地支模的人工费用、材料费用，安装后通过叠合板现浇部分体系，可以将预制构件与现浇部分连接

图 2-53　阳台板

成一个整体，有效地提高现场施工效率，保证质量，节约工期。

图 2-54 空调板

图 2-55 遮阳板

3. 凸窗（飘窗）

凸窗（图 2-56）作为部品预制构件，其结构同时包含水平预制构件和竖向预制构件，在安装过程既要按水平预制构件合理搭设支承，又要保证水平定位、标高、垂直度以

图 2-56 凸窗

及与预制墙体或现浇墙体的对接，安装时必须加强对窗体的保护。凸窗在工厂预制，有效地提高了现场施工的效率，保证质量，节约工期。

4. 非线性构件

非线性预制构件（图 2-57）是在满足力学及使用功能的前提条件下，将外饰面设计成非直线平面模式，形成曲面或弧面等多种模式，提高了建筑的美观。通过在工厂预制可以将复杂的工艺先行完成，节约工期，提高作业效率及质量，并促进了建筑外形的多元化设计。

图 2-57 非线性构件

第3章 规范中关于预制构件安装的规定

本章介绍涉及预制构件安装的各种规范（3.1）、主要国家规范中关于预制构件安装的规定（3.2）。

3.1 涉及预制构件安装的各种规范

涉及预制构件安装的规范有：

（1）《装配式混凝土建筑技术标准》GB 51231—2016

（2）《混凝土结构工程施工质量验收规范》GB 50204—2015

（3）《工程测量规范》GB 50026—2007

（4）《建筑电气工程施工质量验收规范》GB 50303—2015

（5）《装配式混凝土结构技术规程》JGJ 1—2014

（6）《钢筋焊接及验收规程》JGJ 18—2012

（7）《钢筋机械连接技术规程》JGJ 107—2016

（8）《钢筋套筒灌浆连接应用技术规程》JGJ 355—2015

3.2 主要国家规范中关于预制构件安装的规定

3.2.1 《装配式混凝土建筑技术标准》GB 51231—2016

装配式混凝土工程施工安装过程应执行该标准第10章"施工安装"和第11章"质量验收"的规定。

（1）施工安装的一般规定

1）装配式混凝土建筑，应协同建筑、结构、机电、装饰装修等专业要求，制定施工组织设计。（10.1.1条）

2）施工单位应根据建筑工程特点配置组织机构和人员。作业人员必须具备岗位需要的基础知识和技能，施工单位对管理人员、施工作业人员进行质量安全技术交底。（10.1.2条）

3）装配式混凝土建筑施工宜采用工具化、标准化的工装系统。宜采用信息模型技术对施工全过程及关键工艺进行信息化模拟。（10.1.3条）

4）装配式混凝土建筑施工前，宜选择有代表性的单元进行预制构件试安装，并应根据试安装结果及时调整施工工艺、完善施工方案。（10.1.5条）

5）装配式混凝土建筑施工中采用的新技术、新工艺、新材料、新设备，应按有关规定进行评审、备案。施工前，应对新的或首次采用的施工工艺进行评价，并制定专门的施工方案。（10.1.6条）

6）装配式混凝土建筑施工过程中应采取安全措施，并应符合国家现行有关标准的规定。（10.1.7条）

（2）施工安装的准备工作

1）装配式混凝土结构施工应制定专项方案。专项施工方案宜包括工程概况、编制依据、进度计划、施工场地布置、预制构件运输与存放、安装与连接施工、绿色施工、安全管理、质量管理、信息化管理、应急预案等内容。（10.2.1条）

2）安装用材料及配件等，应符合国家现行有关标准及产品应用技术手册的规定，并应按照国家现行相关标准的规定进行进场验收。（10.2.2条）

3）施工现场应根据施工平面规划设置满足构件运输、构件存放、施工作业的施工道路及场地。（10.2.3条）

4）安装施工前，应进行测量放线、设置构件安装定位标识。（10.2.4 条）

5）安装施工前，应核对已施工完成结构、基础的外观质量和尺寸偏差，确认混凝土强度和预留预埋符合设计要求，并应核对预制构件的混凝土强度及预制构件和配件的型号、规格、数量等符合设计要求。（10.2.5 条）

6）安装施工前，应复核吊装设备的吊装能力，准备并确认与拟安装构件吊点相匹配的合格吊具，复核大型构件、薄壁构件或形状复杂的构件所使用的分配梁桁架类吊具。（10.2.6 条）

（3）预制构件安装

1）根据当天作业内容进行班前技术安全交底，吊装时严格按照计划编号顺序起吊，吊索水平夹角不宜小于 60°，不应小于 45°，宜设置缆风绳控制构件转动，吊运过程中宜采用慢起、稳升、缓放的操作方式，不得偏斜、摇摆和扭转，严禁构件长时间悬停在空中。（10.3.1 条）

2）预制构件吊装就位后，应及时校准并采取临时固定措施。预制墙板、柱等竖向构件应对安装位置、安装标高、垂直度进行校核与调整，叠合构件、预制梁等水平构件应对安装位置、安装标高、平整度、高低差、拼缝尺寸进行校核与调整。临时固定措施、临时支撑系统应具有足够的强度、刚度和整体稳定性。（10.3.2 条）

3）预制构件与吊具的分离应在校准定位及临时支撑安装完成后进行。（10.3.3 条）

4）竖向预制构件的临时支撑不宜少于 2 道，构件上部斜支撑的支撑点距离板底的距离不宜小于构件高度的 2/3，且不应小于构件的1/2，斜支撑应与构件可靠连接，构件安装就位后可通过临时支撑对构件的位置和垂直度进行微调。（10.3.4条）

5）水平预制构件安装采用临时支撑时，首层地基应平整坚实，宜采取硬化措施。临时支撑的间距及其与墙、柱、梁边的净距应经设计计算确定，竖向连续支撑层数不宜少于2层且上下层支撑宜对准，叠合板预制底板下部支架宜选用定型独立钢支柱，竖向支撑间距应经计算确定。（10.3.5条）

6）预制柱宜按照角柱、边柱、中柱顺序进行安装，与现浇部分连接的柱宜先行吊装。预制柱的就位以轴线和外轮廓线为控制线。就位前应设置柱底调平装置，控制柱安装标高，就位后应在两个相邻的方向设置可调节临时固定措施，并进行垂直度、扭转度调整。采用灌浆套筒连接的预制柱调整就位后，柱脚连接部位宜采用不低于柱强度的砂浆并配合模板进行封堵。（10.3.6条）

7）预制剪力墙板安装，宜先吊装与现浇部分连接的墙板，然后按先外墙后内墙的顺序。墙板以轴线和轮廓线为控制线，外墙应以轴线和外轮廓线双控制。就位前在墙板底部设置调平装置。采用灌浆套筒或浆锚搭接连接的夹芯保温外墙板，应在保温材料部位采用弹性密封材料进行封堵，如墙板需要分仓灌浆时应采用满足设计要求的坐浆料。安装就位后采用可调斜支撑调整固定。叠合墙板安装就位后进行叠合墙板拼缝处附加钢筋安装，附加钢筋应与现浇段钢筋交叉点全部绑扎牢固。（10.3.7条）

8）预制梁或叠合梁安装，宜遵循先主梁后次梁、先低后高的顺序原则。安装前测量并修正临时支撑标高、弹出梁边线控制线、复核柱钢筋与梁钢筋位置及尺寸、如梁柱钢筋有冲突应按设计单位确认的技术方案进行调整，具备条件后进行吊装。安装时梁伸入支座的长度与搁置长度应符合设计要求，就位后对水平度、安装位置、标高进行检查。临时支撑在后浇混凝土达到设计强度后方可拆除。（10.3.8条）

9）叠合板预制底板吊装完成后应对板底接缝高差进行校核，未达到设计要求的应重新起吊通过可调托座调节，安装后高差及水平接缝宽度均应满足设计要求。临时支撑应在后浇混凝土强度达到设计强度后方可拆除。（10.3.9条）

10）预制楼梯安装前，应检查楼梯构件平面定位及标高，并宜设置调平装置，就位后应及时调整并固定。（10.3.10条）

11）预制阳台板、空调板安装前，应检查支座顶面标高及支撑面的平整度，临时支撑应在后浇混凝土强度达到设计要求后方可拆除。（10.3.11条）

（4）预制构件的连接

1）采用钢筋套筒连接、钢筋浆锚搭接连接的预制构件施工，应检查被连接钢筋的规格、数量、位置和长度。当连接钢筋倾斜时，应进行校直；连接钢筋偏离套筒或孔洞中心线不宜超过3mm。连接钢筋中心位置存在严重偏差影响预制构件安装时，应会同设计单位制定专项处理方案，严禁随意切割、强行调整定位钢筋。现浇混凝土中伸出的钢筋应采用专用模具进行定位，并应采用可靠的固定措施控制连接钢筋的中心位置及外露长度满足设计要求。构件安装前应检查预制构件上套筒、预留孔的规格、位置、数量和深度；当套筒、预留孔内有杂物时，应清理干净。（10.4.2条）

2）钢筋机械连接的施工应符合现行行业标准《钢筋机械连接技术规程》JGJ 107—2016 的有关规定。（10.4.3 条）

3）焊接或螺栓连接的施工应符合国家现行标准《钢结构焊接规范》GB 50661、《钢结构工程施工规范》GB 50755、《钢筋焊接及验收规程》JGJ 18 的有关规定。采用焊接连接时，应采取避免损伤已施工完成的结构、预制构件及配件的措施。（10.4.5 条）

4）装配式混凝土结构后浇混凝土部分的模板与支架宜采用工具式支架和定型模板，模板应保证后浇混凝土部分形状、尺寸和位置准确，模板与预制构件接缝处应采取防止漏浆的措施，可粘贴密封条。（10.4.7 条）

5）装配式混凝土结构的后浇混凝土部位在浇筑前应按标准进行隐蔽工程验收。（10.4.8 条）

6）后浇混凝土的施工前，应将预制构件结合面疏松部分的混凝土剔除并清理干净。预制梁、柱混凝土强度等级不同时，预制梁柱节点区混凝土强度等级应符合设计要求。混凝土浇筑应布料均衡，浇筑和振捣时，应对模板及支架进行观察和维护，发生异常情况应及时处理。构件接缝混凝土浇筑和振捣应采取措施防止模板、相连接构件、钢筋、预埋件及其定位件移位。（10.4.9 条）

7）构件连接部位后浇混凝土及灌浆料的强度达到设计要求后，方可拆除临时支撑系统。（10.4.10 条）

8）外墙板接缝防水施工前，应将板缝空腔清理干净，并按设计要求填塞背衬材料，密封材料嵌填应饱满、密实、均匀、顺直、表面平滑，其厚度应满足设计要求。（10.4.11 条）

9）装配式混凝土结构的尺寸偏差及检验方法应符合表

2-1 的规定。（10.4.12 条）

表 2-1　装配式混凝土结构的尺寸偏差及检验方法

项　　目			允许偏差/mm	检验方法
构件中心线对轴线位置	基础		15	经纬仪及尺量
	竖向构件（柱、墙、桁架）		8	
	水平构件（梁、板）		5	
构件标高	梁、柱、墙、板底面或顶面		±5	水准仪或拉线、尺量
构件垂直度	柱、墙	≤6m	5	经纬仪或吊线、尺量
		>6m	10	
构件倾斜度	梁、桁架		5	经纬仪或吊线、尺量
相邻构件平整度	板端面		5	2m 靠尺和塞尺量测
	梁、板底面	外露	3	
		不外露	5	
	柱墙侧面	外露	5	
		不外露	8	
构件搁置长度	梁、板		±10	尺量
支座、支垫中心位置	板、梁、柱、墙、桁架		10	尺量
墙板接缝	宽度		±5	尺量

（5）成品保护

1）交叉作业时，应做好工序交接，不得对已完成工序

的成品、半成品造成破坏。(10.7.1条)

2) 在施工全过程中，应采取防止预制构件、部品及预制构件上的建筑附件、预埋件、预埋吊件等损伤或污染的保护措施。(10.7.2条)

3) 预制构件饰面砖、石材、涂刷、门窗等处宜采用贴膜保护或其他专业材料保护。安装完成后，门窗框应采用槽型木框保护。(10.7.3条)

4) 连接止水条、高低口、墙体转角等薄弱部位，应采用定型保护垫块或专用式套件作加强保护。(10.7.4条)

5) 预制楼梯饰面应采用铺设木板或其他覆盖形式的成品保护措施。楼梯安装后，踏步口宜铺设木条或其他覆盖形式保护。(10.7.5条)

6) 遇有大风、大雨、大雪等恶劣天气时，应采取有效措施对存放预制构件成品进行保护。(10.7.6条)

7) 预制构件和部品在安装施工过程、施工完成后，不应受到施工机具碰撞。(10.7.7条)

8) 施工梯架、工程用的物料等不得支撑、顶压或斜靠在部品上。(10.7.8条)

9) 当进行混凝土地面等施工时，应防止物料污染、损坏预制构件和部品表面。(10.7.9条)

(6) 施工安全与环境保护

1) 装配式混凝土建筑施工应执行国家、地方、行业和企业的安全生产法规和规章制度，落实各级各类人员的安全生产责任制。(10.8.1条)

2) 施工单位应根据工程施工特点对重大危险源进行分析并予以公示，并制定相对应的安全生产应急预案。(10.8.2条)

3) 施工单位应对从事预制构件吊装作业及相关人员进

行安全培训与交底，识别预制构件进场、卸车、存放、吊装、就位各环节的作业风险，并制定防控措施。（10.8.3 条）

4）安装作业开始前，应对安装作业区进行围护并做出明显的标识，拉警戒线，根据危险源级别安排旁站，严禁与安装作业无关的人员进入。（10.8.4 条）

5）施工作业使用的专用吊具、吊索、定型工具式支撑、支架等，应进行安全验算，使用中进行定期、不定期检查，确保其处于安全状态。（10.8.5 条）

6）预制构件起吊后，应先将预制构件提升 300mm 左右后，停稳构件，检查钢丝绳、吊具和预制构件状态，确认吊具安全且构件平稳后，方可缓慢提升构件；吊机吊装区域内，非作业人员严禁进入；吊运预制构件时，构件下方严禁站人，应待预制构件降落至距地面 1m 以内方准作业人员靠近，就位固定后方可脱钩；高空应通过缆风绳改变预制构件方向，严禁高空直接用手扶预制构件；遇到雨、雪、雾天气，或者风力大于 5 级时，不得进行吊装作业。（10.8.6 条）

7）夹芯保温外墙板后浇混凝土连接节点区域的钢筋连接施工时，不得采用焊接连接。（10.8.7 条）

8）预制构件安装过程中废弃物等应进行分类回收。施工中产生的胶粘剂、稀释剂等易燃易爆废弃物应及时收集送至指定储存器内并按规定回收，严禁随意丢弃未经处理的废弃物。（10.8.12 条）

（7）预制构件安装与连接的质量验收

1）预制构件临时固定措施应符合设计、专项施工方案要求及国家现行有关标准的规定。（11.3.1 条）

2）装配式结构采用后浇混凝土连接时，构件连接处后浇混凝土的强度应符合设计要求。（11.3.2 条）

3）钢筋采用套筒灌浆连接、浆锚搭接连接时，灌浆应饱满、密实，停止灌浆前保证所有出口均应出浆。(11.3.3条)

4）钢筋套筒灌浆连接及浆锚搭接连接用的灌浆料强度应符合国家现行有关标准的规定及设计要求。(11.3.4条)

5）预制构件底部接缝坐浆强度应满足设计要求。(11.3.5条)

6）钢筋采用机械连接时，其接头质量应符合现行行业标准《钢筋机械连接技术规程》JGJ 107 的有关规定。(11.3.6条)

7）钢筋采用焊接连接时，其焊缝的接头质量应满足设计要求，并应符合现行行业标准《钢筋焊接及验收规程》JGJ18 的有关规定。(11.3.7条)

8）预制构件采用型钢焊接连接时，型钢焊缝的接头质量应满足设计要求，并应符合现行国家标准《钢结构焊接规范》GB 50661 和《钢结构工程施工质量验收规范》GB 50205 的有关规定。(11.3.8条)

9）预制构件采用螺栓连接时，螺栓的材质、规格、拧紧力矩应符合设计要求及现行国家标准《钢结构设计规范》GB 50017 和《钢结构工程施工质量验收规范》GB 50205 的有关规定。(11.3.9条)

10）装配式结构分项工程的外观质量不应有严重缺陷，且不得有影响结构性能和使用功能的尺寸偏差。(11.3.10条)

11）外墙板接缝的防水性能应符合设计要求。(11.3.11条)

12）装配式结构分项工程的施工尺寸偏差及检验方法应符合设计要求；当设计无要求时，应符合本标准表10.4.12的规定。(11.3.12条)

13）装配式混凝土建筑的饰面外观质量应符合设计要

求，并应符合现行国家标准《建筑装饰装修工程质量验收规范》GB 50210 的有关规定。(11.3.13 条)

3.2.2 《混凝土结构工程施工质量验收规范》GB 50204—2015

装配式混凝土工程施工安装过程应执行该标准第 9 章"装配式结构分项工程"的规定。

（1）装配式结构连接节点及叠合构件浇筑混凝土之前，应进行隐蔽工程验收。隐蔽工程验收应包括混凝土粗糙面的质量，键槽的尺寸、数量、位置；钢筋的牌号、规格、数量、位置、间距，箍筋弯钩的弯折角度及平直段长度；钢筋的连接方式、接头位置、接头数量、接头面积百分率、搭接长度、锚固方式及锚固长度；预埋件、预留管线的规格、数量、位置。(9.1.1 条)

（2）预制构件的质量应符合本规范、国家现行相关标准的规定和设计的要求。(9.2.1 条)

（3）预制构件进场时，梁板类简支受弯预制构件进场时应进行结构性能检验。对其他预制构件，除设计有专门要求外，进场时可不做结构性能检验。对进场时不做结构性能检验的预制构件，施工单位或监理单位代表应驻厂监督制作过程，当无驻厂监督时，预制构件进场时应对预制构件主要受力钢筋数量、规格、间距及混凝土强度等进行实体检验。(9.2.2 条)

（4）预制构件的外观质量不应有严重缺陷，且不应有影响结构性能和安装、使用功能的尺寸偏差。(9.2.3 条)

（5）预制构件上的预埋件、预留插筋、预埋管线等的规格和数量以及预留孔、预留洞的数量应符合设计要求。(9.2.4 条)

（6）预制构件应有标识，且清晰明确，标识内容与预制构件一致。（9.2.5 条）

（7）预制构件的尺寸偏差符合本标准规定，设计有专门规定时，尚应符合设计要求。施工过程中临时使用的预埋件，其中心线位置允许偏差可取规范中规定数值的 2 倍。（9.2.7 条）

（8）预制构件的粗糙面的质量及键槽的数量应符合设计要求。（9.2.8 条）

3.2.3 《工程测量规范》GB 50026—2007

装配式混凝土工程施工安装过程中，涉及施工测量、构件定位等作业时应执行该标准的第 8 章"施工测量"的规定。

（1）施工测量前，应收集有关测量资料，熟悉施工设计图纸，明确施工要求，制定施工测量方案。（8.1.2 条）

（2）建筑物施工控制网，应根据建筑物的设计形式和特点，布设成十字轴线或矩形控制网。民用建筑物施工控制网也可根据建筑红线定位。（8.3.1 条）

（3）建筑物施工平面控制网，应根据建筑物的分布、结构、高度、生产工艺的连续程度，分别布设一级或二级控制网。（8.3.2 条）

（4）建筑物施工平面控制网的建立，应选在通视良好、土质坚实、利于长期保存、便于施工放样的地方。（8.3.3 条）

（5）建筑物的围护结构封闭前，应根据施工需要将建筑物外部控制转移至内部。内部的控制点，宜设置在浇筑完成的预埋件或预埋的测量标板上。引测的投点误差，一级不应

超过2mm，二级不应超过3mm。（8.3.4条）

（6）建筑物高程控制，应采用水准测量。附合路线闭合差，不应低于四等水准的要求。水准点可设置在平面控制网的标桩或外围的固定地物上，也可单独埋设。水准点的个数，不应少于2个。（8.3.5条）

3.2.4 《建筑电气工程施工质量验收规范》GB 50303—2015

装配式混凝土工程施工安装过程中，涉及防雷引下线及接闪器安装部分执行该标准第24章"防雷引下线及接闪器安装"的规定。

（1）防雷引下线的布置、安装数量和连接方式应符合设计要求，明敷的通过观察检查，暗敷的施工中观察检查并查阅隐蔽工程检查记录。（24.1.1条）

（2）接闪器的布置、规格及数量应符合设计要求。（24.1.2条）

（3）接闪器与防雷引下线必须采用焊接或卡接器连接，防雷引下线与接地装置必须采用焊接或螺栓连接。（24.1.3条）

（4）当利用建筑物金属屋面或屋顶上旗杆、装饰物、铁塔、女儿墙上的盖板等永久性金属物做接闪器时，其材质及截面应符合设计要求，建筑物金属屋面板间的连接、永久性金属各部件之间的连接应可靠、持久。（24.1.4条）

3.2.5 《装配式混凝土结构技术规程》JGJ 1—2014

装配式混凝土工程施工安装执行本标准第12章"结构施工"的规定。

（1）装配式结构施工的后浇混凝土部位在浇筑前应进行隐蔽工程验收。（12.1.2条）

（2）预制构件、安装用材料及配件等应符合设计要求。（12.1.3条）

（3）吊装用吊具应按国家现行有关标准的规定进行设计、验算或试验检验。（12.1.4条）

（4）在装配式结构的施工全过程中，应采取防止预制构件及预制构件上的建筑附件、预埋件、预埋吊件等损伤或污染的保护措施。（12.1.6条）

（5）未经设计允许不得对预制构件进行切割、开洞。（12.1.7条）

（6）装配式结构施工过程中应采取安全措施，并应符合现行行业相关标准。（12.1.8条）

（7）合理规划构件运输通道和临时堆放场地，复核与构件安装对接的结构部分混凝土的强度及尺寸偏差符合现行国家标准。（12.2.1条、12.2.2条）

（8）安装施工前，应进行测量放线、设置构件安装定位标识、复核构件装配位置、确认节点连接构造及临时支撑方案等。（12.2.3条、12.2.4条）

（9）安装施工前应检查复核吊装设备及吊具处于安全操作状态，核实现场环境、天气、道路等满足吊装施工要求，选择有代表性的构件进行试安装并根据结果调整完善施工方案和施工工艺。（12.2.5条、12.2.6条、12.2.7条）

（10）预制构件吊装就位后，应及时校准并采取临时固定措施，同时应符合现行国家标准《混凝土结构工程施工规范》GB 50666 的相关规定。（12.3.1条）

（11）焊接或螺栓连接的施工应符合国家现行标准《钢筋焊接及验收规程》JGJ 18、《钢结构焊接规范》GB 50661、《钢结构工程施工规范》GB 50755 和《钢结构工程施工质量

验收规范》GB 50205 的有关规定。(12.3.5 条)

（12）构件连接部位后浇混凝土及灌浆料的强度达到设计要求后，方可拆除临时固定措施。(12.3.8 条)

（13）外挂墙板的连接节点及接缝构造应符合设计要求，墙板安装完成后，应及时移除临时支承支座、墙板接缝的传力垫块。(12.3.11 条)

3.2.6 《钢筋焊接及验收规程》JGJ 18—2012

装配式混凝土工程施工安装过程中，涉及钢筋焊接及验收部分应执行该标准第 5 章 "质量检验与验收" 的规定。

（1）钢筋焊接接头或焊接制品（焊接骨架、焊接网）应按检验批进行质量检验与验收。(5.1.1 条)

（2）纵向受力钢筋焊接接头，外观质量检查时，首先应由焊工对所焊接头或制品进行自检；在自检合格的基础上由施工单位项目专业质量检查员检查，并将检查结果填写于检验批质量验收记录上。(5.1.2 条)

（3）外观质量检查结果，当某一小项不合格数超过抽检数的 15% 时，应对该批焊接接头该小项逐个进行复检，并剔出不合格接头。对外观质量检查不合格接头采取修整或补焊措施后，可提交二次验收。(5.1.5 条)

（4）施工单位项目专业质量检查员应检查钢筋、钢板质量证明书、焊接材料产品合格证和焊接工艺试验时的接头力学性能试验报告。(5.1.6 条)

（5）预埋钢筋 T 形接头拉伸试验结果，应从每一检验批接头随机切取三个接头进行试验，3 个试件均断于钢筋母材，呈延性断裂，其抗拉强度大于或等于钢筋母材抗拉强度标准值，或 2 个试件断于钢筋母材，呈延性断裂，其抗拉强度大于或等于钢筋母材抗拉强度标准值，另一试件断于焊缝，呈脆性断裂，其抗拉强度大于或等于钢筋母材抗拉强度标准值的 1.0 倍，应评定该检验批接头拉伸试验合格。（5.1.7 条）

（6）钢筋焊接接头或焊接制品质量验收时，应在施工单位自行质量评定合格的基础上，由监理（建设）单位对检验批有关资料进行检查，组织项目专业质量检查员等进行验收，并应按本规程规定记录。（5.1.9 条）

3.2.7　《钢筋机械连接技术规程》JGJ 107—2016

装配式混凝土工程施工安装过程中，涉及钢筋机械连接部分应执行该标准第 7 章"接头的现场检验与验收"的规定。

（1）工程应用接头时，应对接头技术提供单位提交的接头相关技术资料进行审查与验收，并应包括工程所用接头的有效型式检验报告、连接件产品设计、接头加工安装要求的相关技术文件、连接件产品合格证和连接件原材料质量证明书。（7.0.1 条）

（2）接头工艺检验应针对不同钢筋生产厂的钢筋进行，施工过程中更换钢筋生产厂或接头技术提供单位时，应补充进行工艺检验。（7.0.2 条）

（3）钢筋螺纹头加工应按本规程要求进行自检，监理或质检部门对现场螺纹头加工质量有异议时，可按规程抽检，不合格时，应整改后重新检验，检验合格后方可继续加工。（7.0.3 条）

（4）接头现场抽检项目应包括极限抗拉强度试验、加工和安装质量检验。（7.0.4 条）

（5）对封闭环形钢筋接头、不锈钢钢筋接头、装配式结构构件间的钢筋接头和有疲劳性能要求的接头，可见证取样，在已加工并检验合格的钢筋螺纹成品中随机割取钢筋试件，按本规程要求与随机抽取的进场套筒组装成 3 个接头试件做极限抗拉强度试验，按设计要求的接头等级进行评定。(7.0.8 条)

（6）设计要求对接头疲劳性能进行现场检验的工程，可按设计提供的钢筋应力幅和最大应力，或根据本规程要求进行疲劳性能验证性检验，并应选取工程中大、中、小三种直径钢筋各组装 3 根接头试件进行疲劳试验。(7.0.11 条)

（7）现场截取抽样试件后，原接头位置的钢筋可采用同等规格的钢筋进行绑扎搭接连接、焊接或机械连接方法补接。(7.0.12 条)

3.2.8 《钢筋套筒灌浆连接应用技术规程》JGJ 355—2015

装配式混凝土工程施工安装过程中，涉及钢筋套筒灌浆连接部分应执行该标准第 6 章"施工"的规定。

（1）连接部位现浇混凝土施工过程中，应采取设置定位架等措施保证外露钢筋的位置、长度和顺直度，并应避免污染钢筋。(6.3.1 条)

（2）预制构件吊装前，应检查构件的类型与编号。当灌浆套筒内有杂物时，应清理干净。(6.3.2 条)

（3）预制构件就位前，外露连接钢筋的表面不应粘连混凝土、砂浆，不应发生锈蚀，当外露连接钢筋倾斜时，应进行校正。(6.3.3 条)

（4）预制柱、墙安装前，应在预制构件及其支承构件间设置垫片，宜采用钢质垫片，可通过垫片调整预制构件的底部标高，可通过在构件底部四角加塞垫片调整构件安装的垂

直度。(6.3.4 条)

（5）预制梁和既有结构改造现浇部分的水平钢筋采用套筒灌浆连接时，连接钢筋的外表面应标记插入灌浆套筒最小锚固长度的标志，标志位置应准确、颜色应清晰，预制梁的水平连接钢筋轴线偏差不应大于 5mm，超过允许偏差的应予以处理，新连接钢筋的端部应设有保证连接钢筋同轴、稳固的装置，灌浆套筒安装就位后，灌浆孔、出浆孔应在套筒水平轴正上方 ±45°的锥体范围内，并安装有孔口超过灌浆套筒外表面最高位置的连接管或连接头。(6.3.7 条)

（6）对于首次施工的工程，宜选择有代表性的单元或部位进行试制作、试安装、试灌浆。(6.1.4 条)

第4章 预制构件安装设备

本章介绍预制构件安装的设备,主要为塔式起重机及其布置(4.1)、履带式起重机(4.2)、轮式起重机(4.3)及其他设备(4.4)。

4.1 塔式起重机及其布置

塔式起重机(简称塔吊)分为塔式平臂起重机(图4-1)、塔式动臂起重机(图4-2)、附着自升塔式起重机、内爬塔式起重机、轨道式塔式起重机。相比平臂起重机,动臂起重机可以实现大起重量、大起升高度、大起升速度。

图4-1 塔式平臂起重机　　　图4-2 塔式动臂起重机

高层建筑与多层建筑施工一般选择塔式起重机,选择塔式起重机必须考虑安拆方便。

1. 塔式起重机的选择及布置要求

下面重点介绍国内施工常用的平臂塔式起重机。

(1)起重重量

起重重量 =(预制构件重量 + 吊具重量 + 吊索重量)×
1.5(安全系数) 式(4-1)

（2）起重幅度

起重幅度是指以起重机中心点为半径，从中心点到最远起吊点处的距离。起重幅度与起重重量参数见图4-3和表4-1。

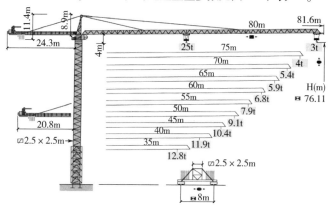

图4-3 塔式起重机起重幅度与起重量参数图

表4-1 塔式起重机起重幅度与起重量参数表

幅度/m		3.5~14.8	15	17.5	20	22.5	25	27.5
吊重/t	$\alpha=2$	12.50						
	$\alpha=4$	25.00	24.49	20.22	17.09	14.71	12.84	11.32
幅度/m		30	32.5	35	37.5	40	42.5	45
吊重/t	$\alpha=2$	11.3	10.25	9.36	8.59	7.92	7.33	6.81
	$\alpha=4$	10.07	9.02	8.13	7.36	6.69	6.10	5.58
幅度/m		47.5	50	52.5	55	57.5	60	62.5
吊重/t	$\alpha=2$	6.35	5.93	5.55	5.21	4.9	4.62	4.36
	$\alpha=4$	5.11	4.70	4.32	3.98	3.67	3.39	3.13

幅度/m		65	67.5	70	72.5	75	77.5	80
吊重/t	$\alpha = 2$	4.12	3.9	3.69	3.5	3.32	3.16	3.00
	$\alpha = 4$	2.89	2.67	2.46	2.27	2.09	1.92	1.77

注：α——倍率。

（3）起重能力

应满足最大幅度预制构件的起吊重量，同时必须满足最大幅度范围以内各种预制构件的起吊重量。

（4）起重高度

塔式起重机应计算塔机独立高度与附着高度时吊起的预制构件能平行通过建筑外架最高点或预制构件安装最高点以上 2m 处；计算高度时必须将吊索、吊具、预制构件的高度总和加上安全距离合并考虑。

（5）塔式起重机的附着

当塔式起重机附着在现浇部分的结构上时，应考虑现浇结构达到强度时间与吊装进度之间的时间差。当塔式起重机附着在预制构件上时，应通过模拟计算，在预制构件设计阶段确定附着点的位置，见图 4-4。附着点的预埋件（图 4-5）须在工厂制作预制构件时一并完成，不得采用在预制构件上用后锚固的方式进行附着安装。

（6）起升速度

起升速度也决定了装配式工程的安装效率，在选择起重设备时，要考虑在满足安全性能的前提下尽可能选择起升速度快的起重设备；起升速度与起重量及起重设备的起重参数有关，在选择时应查看相关参数表，见表 4-2。

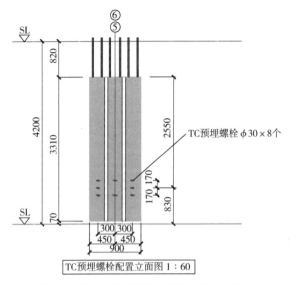

TC预埋螺栓配置立面图 1 : 60

图 4-4　塔式起重机附着在预制构件上的位置

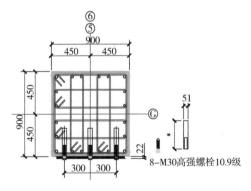

图 4-5　附着预埋螺栓的形式和尺寸

表 4-2　起升速度参数表

机构		$\alpha = 2$		$\alpha = 4$	
		m/min	t	m/min	t
24t	90LFV60	0～38	12.0	0～19	24.0
		0～46	10.0	0～23	20.0
		0～72	4.0	0～36	8.0
	90LFV60DB1	0～40	12.0	0～20	24.0
		0～96	4.0	0～48	8.0
		0～160	1.0	0～80	2.0
20t	90LFV50	0～37	10.0	0～18	20.0
		0～44	8.0	0～22	16.0
		0～75	3.0	0～37	6.0
	75LFV50DB1	0～32	10.0	0～16	20.0
		0～96	3.0	0～48	6.0
		0～150	1.0	0～75	2.0

（7）控制精度

预制构件安装时，需要对位及调整，所以吊装时的高度、精度控制及稳定性非常重要。起重机的起重量越大，精度和稳定性越好。塔式动臂与塔式平臂两种起重机相比较，动臂的精度和稳定性比平臂要好很多。平臂起重机因为结构设计的原因，在起重时受预制构件重量及惯性影响，使得高度、精度差一些。

（8）塔式起重机的型号选择

与现浇相比，装配式混凝土施工最重要的变化是塔式起重机起重量大幅度增加。根据具体工程预制构件重量的不同，起重量一般在 5～14t 之间。剪力墙工程比框架或筒体工程需要的塔式起重机可以小些。需要根据吊装预制构件重量确定塔式起重机规格型号，见表4-3。

表 4-3 塔式起重机吊装能力对预制构件重量限制表

型号	可吊预制构件重量	可吊预制构件范围	说明
QTZ80 (5613)	1.3～8t（max）	柱、梁、剪力墙内墙（长度3m以内）、夹心剪力墙板（长度3m以内）、外挂墙板、叠合板、楼梯、阳台板、遮阳板	可吊重量与吊臂工作幅度有关，8t工作幅度是在3m处；1.3t工作幅度是在56m处
QTZ315 (S315K16)	3.2～16t（max）	双层柱、夹心剪力墙板（长度3～6m）、较大的外挂墙板、特殊的柱、梁、双莲藕梁、十字莲藕梁	可吊重量与吊臂工作幅度有关，16t工作幅度是3.1m处；3.2t工作幅度是在70m处
QTZ560 (S560K25)	7.25～25t（max）	夹心剪力墙板（6m以上）、超大预制板、双T板	可吊重量与吊臂工作幅度有关，25t工作幅度是3.9m处；9.5t工作幅度是在60m处

说明：本表数据可作为设计大多数预制构件时参考，如果有个别预制构件大于此表重量，工厂可以临时用大吨位轮式起重机；对于工地，当吊装高度在轮式起重机高度限值内时，也可以考虑轮式起重机。塔式起重机以本系列中最大臂长型号作为参考制作该表，以塔式起重机实际布置为准。本表剪力墙板是以住宅为例。

（9）塔式起重机布置原则

1）覆盖所有吊装作业面；塔式起重机幅度范围内所有预制构件的重量符合起重机起重量。

2）宜设置在建筑旁侧，条件不许可时，也可选择核心筒结构位置，见图4-6。

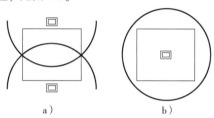

图4-6　塔式起重机位置选择
a）边侧布置两部塔式起重机　b）中心布置一部塔式起重机

3）塔式起重机不能覆盖裙房时，可选用轮式起重机吊装裙房预制构件，见图4-7。

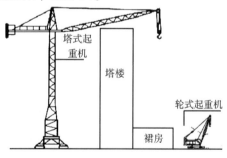

图4-7　裙房选用汽车吊方案

4）尽可能覆盖临时存放场地。

5）方便支设和拆除，满足安全要求。

6）可以附着在主体结构上。

7）尽量避免塔式起重机交叉作业，保证起重机起重臂与其他起重机的安全距离，以及与周边建筑物的安全距离。

2. 塔式起重机的特点

（1）塔式平臂起重机

塔式平臂起重机也称为小车变幅起重臂塔式起重机，其工作原理是靠水平起重臂轨道上安装的小车行走实现变幅，其优点是变幅范围大，载重小车可驶近塔身，能带负荷变幅；缺点是起重臂受力情况复杂，对结构要求高，且起重臂和小车必须处于建筑物上部，塔尖安装高度比建筑物屋面要高出 $15 \sim 20m$。

（2）塔式动臂起重机

塔式动臂起重机也称为俯仰变幅起重臂塔式起重机，其工作原理是靠起重臂升降实现变幅，其优点是能充分发挥起重臂的有效高度，机构简单，起重力矩大，单绳起重量大，吊物比较平稳。缺点是回转转速慢，另外不适于群塔作业时的高低错位布置。

（3）附着自升塔式起重机

附着自升塔式起重机能随着建筑物升高而升高，适用于高层建筑，建筑结构仅承受由起重机传来的水平载荷，附着方便，但占用结构部分增加的用钢量较大。

（4）内爬塔式起重机

内爬塔式起重机布置在建筑物内部（电梯井、楼梯间），借助一套托架和提升系统进行爬升，顶升较烦琐，但占用结构部分增加的用钢量少，也不需要装设备基础，全部自重及载荷均由建筑物承受。

（5）轨道式塔式起重机

轨道式塔式起重机塔身固定于行走底架上，可在专设的轨道上运行，稳定性好，能带负荷行走，活动范围大，工作效率高；其缺点是结构庞大，自重大，安装劳动量大，拆卸和运输不方便，轨道基础的构筑费用大，且不适用于高层建筑。

4.2　履带式起重机

（1）房屋建筑高度在20m以下，以及高层建筑的裙房部分用塔式起重机幅度无法覆盖的情况下预制构件的安装，可选用履带式起重机，简称履带吊，见图4-8。

（2）履带式起重机的优点是稳定性好，载重能力大，防滑性能好，对路面要求低，缺点是灵活性差，行驶速度慢，油耗高。

图4-8　履带式起重机

（3）常用履带式起重机根据最大起吊重量分为：35T、50T、80T、100T、150T、250T等。

4.3　轮式起重机

（1）施工现场作业流动性较大、作业面临时分散、吊装幅度及起重重量相对较小条件下预制构件的安装或卸车，可选用轮式起重机，工程中多用汽车式起重机，简称汽车吊，见图4-9。

（2）轮式起重机的优点是灵活机动、能快速转移、操纵省力、吊装速度快、效率高，缺点是不能载荷行驶、转弯半径大、越野能力差。

（3）常用轮式起重机根据最大起吊重量分为：8T、12T、16T、20T、25T、32T、35T、40T、50T、70T、80T、100T等。

图4-9　轮式起重机

4.4　其他设备

1. 小型起重设备

安装小型预制构件或部品时，可采用一些小型的起重设备，如安装机械人（图4-10）、楼层小型起重机（图4-11）等，小型起重设备的起吊重量一般不超过1t。

图4-10　隔墙板安装机械人

图4-11　楼层小型起重机

2. 屋面小型塔式起重机

超高层装配式混凝土建筑施工设置附着式塔式起重机作

为主起重机，同时，可安装一部屋面小型塔式起重机组合使用（图4-12），利用小型塔式起重机辅助主起重机进行升节安装及拆除作业，相比主塔式起重机自升方式效率更高，操作更安全。在预制构件安装过程中，可使用屋面小型塔式起重机进行预制构件的垂直运输，再由主塔式起重机将预制构件接转至远端安装位，以提高安装效率。

3. 高空作业车

用于载人高空作业，根据作业现场条件及使用要求，可选用伸缩臂式（直臂式）、折叠臂式（曲臂式）、剪叉式（图4-13）等形式的高空作业车。

图4-12　屋面小型塔式起重机

图4-13　剪叉式高空作业车

第5章　预制构件安装吊具

本章介绍预制构件安装所用的吊具，包括：柱子用吊具（5.1）、墙板用吊具（5.2）、梁用吊具（5.3）、叠合楼板用吊具（5.4）、楼梯用吊具（5.5）、吊索（5.6）、索具（5.7）、软带（5.8）、异型预制构件专用吊具（5.9）和吊具试验（5.10）。

5.1　柱子用吊具

预制柱吊装吊具分为点式吊具、梁式吊具和特殊吊具。

1. 点式吊具

（1）点式吊具是用单根吊索或多根吊索吊装同一预制构件的吊具。

（2）柱子在装卸车、现场移位、水平吊装（图5-1）、起吊翻转、垂直起吊安装（图5-2）时，均可使用点式吊具。

图5-1　用点式吊具卸车、移位、水平吊装

图5-2　用点式吊具垂直起吊安装

2. 梁式吊具

（1）梁式吊具也称一字形吊具或平衡梁式吊具，该吊具是根据拟吊装预制构件重量要求，采用合适型号及长度的型

钢（工字钢或槽钢）制作且带有多个吊点的专用吊具，其特点为通用性强、安全可靠。

（2）如果柱子的断面尺寸大且较重（按经验为一般5t以上），为避免点式吊具在使用时钢丝绳与柱子平面的斜角改变吊钉的受力方向，使吊钉变形或折断而产生安全隐患，可采用短梁式吊具，以保证吊索与柱子垂直受力，提高安全系数，见图5-3。

3. 特殊吊具

（1）特殊吊具是为特殊形式的柱子而量身定做的专用吊具。

（2）如果柱子结构形式特殊（如异形、长细比大于30等）、柱子重心偏离、柱端不具备预埋吊点条件等，需要根据其受力特点，针对性地设计满足承载力要求、固定安全可靠、拆装方便的专用吊具，见图5-4。

（3）特殊吊具应进行结构设计，进行专门的受力分析和强度、刚度验算，有相应的说明书和作业指导书，作业前需要对操作人员进行培训，禁止使用专用吊具吊装非设计范围内的其他预制构件。

图 5-3　柱用短梁式吊具吊装

图 5-4　柱用特殊吊具吊装

5.2　墙板用吊具

预制墙板的安装应根据其重量大小、平面形状（一字形或 L 形)、重心位置等,可相应地选用点式吊具、梁式吊具和平面架式吊具。

1. 点式吊具

(1) 如墙板预埋吊点(预埋螺母)为两组,每组为相邻的两个时(一般为相对体积小、重量轻的预制构件),可采用订制的专用双吊点固定座式索具,用 8.8 级以上高强螺栓固定在吊点上,再配合点式吊具进行吊装作业。

(2) 如预埋吊点为两个吊环形式,则可直接用卸扣连接点式吊具进行吊装作业。

2. 梁式吊具

(1) 如预制构件较重或预制构件较长、预埋吊点在三个以上或物件有偏心,则须选用梁式吊具,见图 5-5。梁式吊具由专业工厂制作,出厂时合格证上注明的允许荷载必须与梁体上的标注限额一致,使用时不允许超出限重。

(2) 吊装时,调整梁式吊具底部悬挂吊索的吊点位置,使其与预制构件连接的吊索垂直、等长,墙板上的预埋吊点或吊环必须全部连接吊索,以保证其受力均匀。

3. 平面架式吊具

L 形外墙板的吊装,一般采用平面架式吊具,以保证所吊装墙板的平衡及稳定性,方便安装,见图 5-6。

图 5-5 梁式吊具

图 5-6 墙板用平面架式吊具吊装

5.3 梁用吊具

预制梁根据重量及形状等的不同，吊装时可采用点式吊具或梁式吊具。

1. 点式吊具

一般重量不超过3t，设计为两个吊点的小型梁，可采用点式吊具吊装。

2. 梁式吊具

（1）3t以上的梁或三个以上吊点的梁，宜采用梁式吊具进行吊装，见图5-7。

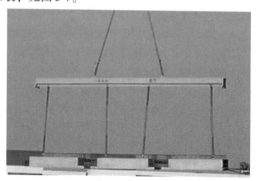

图5-7　梁用梁式吊具吊装

（2）吊装时，调整梁或吊具底部悬挂吊索的吊点位置，使其与预制梁连接的吊索垂直、等长，预制梁上的预埋吊点或吊环必须全部连接吊索，以保证其受力均匀，保证梁在起吊过程中不变形且保证安全。

（3）梁的梁式吊具在满足承载力要求的范围内，可以与墙板或其他一字形预制构件通用。

5.4 叠合楼板用吊具

预制叠合楼板的特点是面积较大，厚度较薄，一般为60mm到80mm，所以应采用多点吊装，可采用平面架式吊具（图5-8）或梁式吊具（图5-9）。架式吊具的吊索有下面两种方式：

图5-8　叠合楼板用平面架式吊具吊装

图5-9　叠合楼板用梁式吊具吊装

（1）吊具上设计多个耳环挂设滑轮，使吊索在各个吊点受力均匀。

（2）用等长钢丝绳吊装。

5.5 楼梯用吊具

预制楼梯吊装可采用点式吊具（图5-10）或平面架式吊

具（图 5-11）。用两组相应长度的吊索调整楼梯的平衡与高差，也可以使用两个手动葫芦与两根吊索配合，调整高差。

图 5-10 楼梯用点式吊具吊装

图 5-11 楼梯用平面架式吊具吊装

5.6 吊索

预制构件安装所用吊索一般为钢丝绳或链条吊索，可根据现场条件及所吊预制构件的特点进行选择。

1. 钢丝绳

钢丝绳是将力学性能和几何尺寸符合要求的钢丝按照一定的规则捻制在一起的螺旋状钢丝束。钢丝绳强度高、自重轻、工作平稳、不易骤然整根折断，工作可靠，是预制构件吊装最常用的吊索，见图 5-12。

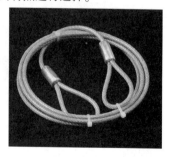

图 5-12 钢丝绳

（1）钢丝绳的选择

1）钢丝绳构造可按 $6 \times 19 + 1$（表示 6 股，每股 19 根钢

丝加 1 股绳芯，下同。）这种方式表示。钢丝绳中钢丝越细（同等直径钢丝数量越多）越不耐磨，但比较柔软，弹性较好；反之，钢丝越粗越耐磨，但比较硬，不易弯曲。所以应视用途不同而选用适宜的钢丝绳。吊装中一般选用 $6 \times 24 + 1$ 或 $6 \times 37 + 1$ 两种构造的钢丝绳。

2）钢丝绳的强度等级分为 $1570N/mm^2$、$1670N/mm^2$、$1770N/mm^2$、$1870N/mm^2$、$1960N/mm^2$、$2160N/mm^2$ 等级别，计算钢丝绳理论破断拉力时，用相应级别系数乘以钢丝绳有效截面积（注意有效截面积是钢丝的累计面积，不是按钢丝绳直径计算的理论截面积），$1670N/mm^2$ 为预制构件安装中较常用的一种。

3）选择钢丝绳时应以检验报告上确认的级别为依据进行选型并计算理论破断拉力，钢丝绳允许工作荷载 = 破断拉力/安全系数，一般安全系数不小于 5。常用钢丝绳型号及允许工作荷载见表 5-1。

表 5-1 常用钢丝绳型号及允许工作荷载

直径/mm	破断拉力/T	安全系数	允许荷载/T
16	13.2	6.6	2
18	16.7	5.6	3
20	20.6	5.2	4
22	24.9	5	5
26	34.8	5	7
30	46.3	5	9

4）钢丝绳近似极限拉力估算公式（实际值由供应商提供的同批次检验报告为准）：

$$S_{极限} = S_{破断}/K = 500d^2/1000k \qquad 式(5-1)$$

其中　　$S_{极限}$——估算极限拉力，单位 T；

　　　　$S_{破断}$——估算破断拉力，单位 T；

　　　　d——钢丝绳直径，单位 mm；

　　　　k——钢丝绳的安全系数，一般取 5～10。

（2）钢丝绳的连接方式

1）钢丝绳固定端连接一般为编结法（图 5-13）、绳夹固定法（图 5-14）、压套法等（图 5-15）。

图 5-13　编结法　　图 5-14　绳夹固定法　　图 5-15　压套法

2）预制构件安装在满足承载力条件下，首选铝合金压套法和编结法连接方式。

3）不同绳端固定连接方法的安全要求见表 5-2。

表 5-2　不同绳端固定连接方法的安全要求

连接方法	安全要求
编结法	编结长度不应小于钢丝绳直径的 15 倍，并不得小于 300mm，连接强度不得小于钢丝绳破断拉力的 75%

连接方法	安全要求
绳夹固定法	根据钢丝绳的直径决定绳夹数量，绳夹的具体形式、尺寸及布置方法应参照《钢丝绳夹》（GB/T 5976—2006），同时保证连接强度不小于钢丝绳破断拉力的85%
压套法	应用可靠的工艺方法使铝合金套与钢丝绳紧密牢固地贴合，连接强度应达到钢丝绳的破断拉力

（3）钢丝绳的报废

1）钢丝绳的报废应参照《起重机　钢丝绳　保养、维护、检验和报废》（GB/T 5972—2016）中的相关标准执行。

2）一般目测如发生多处断丝、绳股断裂、绳径减小、明显锈蚀或变形等现象，见图5-16，此时监理、安全员应判定报废。

2. 链条吊索

（1）链条吊索是以金属链环连接而成的吊索，按照其形式主要有焊接和组装两种。

（2）材料应选择优质合金钢，特点是耐磨、耐高温、延展性低、受力后不会明显伸长等，其使用寿命长，易弯曲，适用于大规模、频繁使用的场合，见图5-17。

（3）在使用前，须看清标牌上的工作载荷及适用范围，严禁超载使用，并对链条吊索做目测检查，符合后方可使用。

（4）使用过程中通过目测或使用设备检查中发现有链环焊接开裂或其他有害缺陷、链环直径磨损减少10%左右，链条外部长度增加3%左右，表面扭曲、严重锈蚀以及积垢等，必须予以更换。

（5）常用吊装用链条允许工作荷载见表5-3。

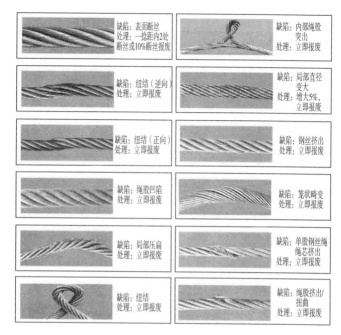

	缺陷：表面断丝 处理：一捻距内2处 断丝或10%断丝报废		缺陷：内部绳股 突出 处理：立即报废
	缺陷：纽结（逆向） 处理：立即报废		缺陷：局部直径 变大 处理：增大5%， 立即报废
	缺陷：纽结（正向） 处理：立即报废		缺陷：钢丝挤出 处理：立即报废
	缺陷：绳股凹陷 处理：立即报废		缺陷：笼状畸变 处理：立即报废
	缺陷：局部压扁 处理：立即报废		缺陷：单股钢丝绳 绳芯挤出 处理：立即报废
	缺陷：纽结 处理：立即报废		缺陷：绳股挤出/ 扭曲 处理：立即报废

图 5-16　钢丝绳应报废示意图

图 5-17　链条吊索

78

表 5-3　常用吊装用链条允许工作荷载（T8 高强链条）

链条型号	每米重量/kg	破断拉力/T	安全系数	允许荷载/T
10×30	2.2	12.5	4	3
12×36	3.1	18.1	4	4.5
14×42	4.1	25	4	6
16×48	5.6	32	4	8
18×54	6.9	41	4	10
20×60	8.6	50	4	12.5
25×75	14.5	78	4	19.5
30×108	18	113	4	28

5.7　索具

吊装作业时索具与吊索配套使用，预制构件安装中常用的索具有吊钩、卸扣、普通吊环、旋转吊环、强力环及定制专用索具等。

1. 吊钩

（1）吊钩常借助于滑轮组等部件悬挂在起升机构的钢丝绳上，见图 5-18。

（2）吊钩应有制造厂的合格证等技术文件方可使用。

（3）一般采用羊角型吊钩，使用时不

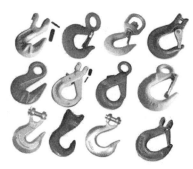

图 5-18　吊钩

准超过核定承载力范围，使用过程中发现有裂纹、变形或安全锁片损失，必须予以更换。

（4）在预制构件安装中大型吊钩（80t 以下）通常用于起重设备，小型吊钩一般用于吊装叠合楼板等。

2. 卸扣

（1）卸扣是吊点与吊索的连接工具，可用于吊索与梁式吊具或架式吊具的连接，以及吊索与预制构件的连接，见图5-19。

（2）卸扣使用时要正确地支撑荷载，其作用力要沿着卸扣的中心轴线上，避免弯曲及不稳定的荷载，不准过载使用，卸扣本身不得承受横向弯矩作用，即作用承载力应在本体平面内。

图 5-19　卸扣

（3）使用中发现有裂纹、明显弯曲变形、横销不能闭锁等现象时，必须立即予以更换。

3. 普通吊环

（1）普通吊环分为吊环螺母和吊环螺钉，是用丝扣方式与预制构件进行连接的一种索具，一般选用材质为 20 号或 25 号钢，见图 5-20。

（2）使用吊环不准超出允许

图 5-20　普通吊环

受力范围，使用时必须与吊索垂直受力，严禁与吊索一起斜拉起吊。

（3）使用中发生变形、裂纹等现象时，必须立即予以更换。

4. 旋转吊环

（1）旋转吊环又称为万向吊环或旋转吊环螺栓，见图5-21。

（2）旋转吊环的螺栓强度等级主要有8.8级和12.9级两种，受力方向分为直拉和侧拉两种，常规直拉吊环允许不大于30°角方向的吊装，侧拉吊环的吊装不受角度限制，但要考虑因角度产生的承重受力增加比例。

（3）在满足承载力条件下，旋转吊环可直接固定在预制构件的预埋吊点上，再连接吊索用以进行吊装作业。

5. 强力环

（1）强力环又称为模锻强力环、兰姆环、锻打强力环，是一种索具配件，见图5-22。其材质主要有40铬、20铬锰钛、35铬钼三种，其中20铬锰钛比较常用。

图5-21　旋转吊环

（2）在预制构件安装中，常用强力环与链条、钢丝绳、双环扣、吊钩等配件组成吊具。

（3）使用中强力环扭曲变形超过10度、表面出现裂纹、本体磨损超过10%的，必须予以更换。

6. 定制专用索具

（1）根据预制构件结构及受力特点可针对性设计合理的

索具，如直接用于固定在预制构件吊点上的绳索吊钉（图 5-23），用高强螺栓固定在预制构件吊点上的专用索具（图 5-24）等。设计的索具必须经过受力分析或破坏性拉断试验，使用时按经验一般取 5 倍以上的安全系数。

（2）定制的专用索具在使用时如有发现变形或焊缝开裂等现象，必须予以更换。

图 5-22　强力环

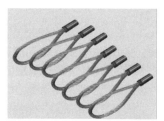

图 5-23　绳索吊钉

图 5-24　定制专用索具

5.8　软带

（1）吊装软带一般采用高强力聚酯长丝制作，具有强度高、耐磨损、抗氧化、抗紫外线、质地柔软、不导电、无腐蚀等优点，应用广泛，见图 5-25。

（2）扁平吊装软带承载力范围为 1～30t，圆形吊装软带承载力范围为 1～300t。

（3）从受力范围情况，吊装软带可以满足预制构件的吊

图 5-25 吊装软带

装作业，但吊装软带与钢丝绳索相比也有明显的缺点，即当被吊装物有锋利的边缘或转角时，会对吊装软带带来破坏性的割伤，建筑工地的现场条件无法避免与钢筋、预制构件直角边缘等接触，吊状软带受损概率较大，在吊索选型时要慎重考虑。

（4）如果选择使用吊装软带作为预制构件安装吊索，在使用前需要检查吊装软带有无损伤、变形、起毛刺等现象，如果有这些现象须立即更换。

（5）使用过程中禁止交叉、打结、扭转，见图5-26。不允许捆绑有尖角、棱边的重物。吊运过程中避免与周边可能磨损吊装带的物体摩擦接触。

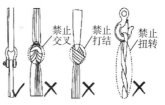

图 5-26 吊带使用示意图

（6）使用后妥善保管，不要放置在明火等其他热源附近，要存放于避光和无紫外线辐射的地方。

（7）吊装软带不同颜色代表不同的承载力吨位，具体为：紫色1t、绿色2t、黄色3t、灰色4t、红色5t、橙色10t，安全系数一般为6，白色的没有吨位区分，选择时以对应颜色为主，以方便快速区分其承载力范围。

5.9 异形预制构件专用吊具

（1）柱梁一体化、飘窗等异形预制构件由于其本身结构的复杂性，如超长超宽、非对称性使重心偏移，外形特殊导致平衡性差等，此时用传统的吊具不能满足其吊装要求，必须根据其受力特点，设计专用的吊具。

（2）专用吊具的设计要保证其受力安全、方便操作、平衡稳定、安拆便捷。

（3）一般异形预制构件吊具按与预制构件连接方式的不同分为平面架式（图5-6）和直接固定式（图5-27）。

（4）平面架式利用吊索与预制构件连接，通过吊索的数量、长度、方向来调节重心，以保持预制构件的平衡。

（5）直接固定式是指吊具与预制构件固定连接或机械连接，形成一个整体，再进行吊装

图5-27 直接固定式专用吊具

作业，直接固定式吊具为专用吊具，必须经过受力分析满足条件后使用，不准与非设计形式或型号的预制构件通用。

5.10 吊具试验

（1）对拟使用的吊具，在进场使用前需按标准进行验收。

（2）每批、每种吊具必须有与之对应的合格证或合格的检测报告，见图 5-28。

（3）对自行加工或委托加工，而不能提供合格证或检测报告的吊具，必须委托第三方检测机构进行刚度、强度检验或破断拉力试验，满足使用条件后再行使用。

（4）进行破坏性试验的吊具，必须按相同标准提供试件，从试件中随机抽取不少于三件/批进行试验，全部满足条件后，同批次试件可按设计要求使用。

（5）平面架式吊具或平衡梁式吊具，不允许自行加工，必须委托有专业资质的单位进行加工，委托前向生产单位提供拟吊装预制构件的类型、尺寸、重量等具体要求，由生产厂家委托检测，检测合格后附合格证（图 5-28）或检测报告，方可使用。

图 5-28　吊具检测合格证示例

第6章　预制构件安装材料与设施

本章介绍预制构件安装用的材料，包括：调整标高用螺栓或垫片（6.1）、牵引绳（6.2）、安装螺栓（6.3）、安装节点连接件（6.4），以及预制构件安装用设施，包括：定位拉线（6.5）和支撑系统（6.6）。

6.1　调整标高用螺栓或垫片

柱、墙板等竖向预制构件安装时需要调整标高，调整标高有螺栓调节和放置垫片两种方式。调整标高如果采用螺栓调节，应当在设计阶段向设计单位提出包括螺栓调节的设计内容，并在预制构件制作时将螺母预埋到预制构件中。

1. 调整标高用螺栓

（1）预埋螺母：预制构件调整标高常用 P 型螺母（图 6-1），应根据预制构件的规格确定螺母的大小，例如 800 × 800 × 4180mm 的预制柱应选用 M20 × 75 的预埋螺母。

（2）螺栓：安装时，须按设计单位要求的型号及强度等级选用螺栓，如未明确具体要求，应使用全

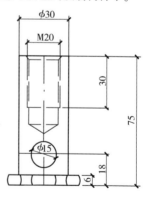

图 6-1　常用调整标高预埋螺母

扣大六角螺栓与之匹配，螺栓长度与预埋螺母内丝长度相等，见图 6-2。

2. 调整标高用垫片

调整标高选用垫片时，除设
计有明确具体要求外，可采用钢
垫片或塑料垫片，施工现场对各
规格垫片应准备齐全。

图 6-2　全扣六角螺栓

（1）钢垫片：钢垫片应选
用 Q235 钢板材料，规格（长 ×
宽）为 50mm × 50mm，厚度为 1mm、2mm、5mm、10mm、
20mm 等，见图 6-3。安装时根据需要采用不同厚度的垫片组
合使用。

（2）塑料垫片：塑料垫片应选用强度高、弹性小的聚丙
烯工程塑料加工，规格（长 × 宽）为 50mm × 50mm，厚度为
2mm、5mm、10mm、20mm 等，见图 6-4。安装时可根据需要
采用不同厚度的垫片组合使用。

图 6-3　钢质垫片

图 6-4　塑料垫片

6.2　牵引绳

（1）牵引绳可使用尼龙（也称锦纶，见图 6-5）、涤纶
（图 6-6）、丙纶（图 6-7）以及迪尼玛（图 6-8）等材质，不
准选用棉、麻、钢丝等其他材质的绳索作为牵引绳。

图6-5 尼龙绳

图6-6 涤纶绳

图6-7 丙纶绳

图6-8 迪尼玛绳

（2）牵引绳必须选用有合格证书的优质产品，并严格在说明书上的理论允许拉力范围内使用。常用牵引绳极限工作荷载见表6-1。

表6-1 常用牵引绳极限工作荷载（单位：t）

材质 规格	尼龙	涤纶	丙纶	迪尼玛
10mm	1.75	1.64	1.53	1.57
16mm	4.48	4.2	3.7	3.59
18mm	5.65	5.2	4.72	5.03
20mm	6.75	6.5	5.69	6.04

（3）牵引绳使用时不准有搭接头，如发生断股、断裂、缩径等现象，必须予以更换。

6.3 安装螺栓

在全装配式混凝土结构中，螺栓连接是主要的连接形式。在装配整体式混凝土结构中，螺栓连接常用于外挂墙板和楼梯等非主体结构预制构件的连接以及固定吊索具使用。螺栓按其强度、结构特点、螺纹形式等可分为不同种类，具体如下：

1. 螺栓按强度分类

（1）螺栓按强度性能分为 3.6、4.6、4.8、5.6、6.8、8.8、9.8、10.9、12.9 等 10 余个等级，其中 8.8 级及以上螺栓材质为低碳合金钢或中碳钢并经热处理（淬火、回火），通称为高强螺栓，其余通称为普通螺栓。例如 4.8 级螺栓，是指其抗拉强度为 400MPa（即 N/mm²），其屈服比值为 0.8，屈服强度为 $400 \times 0.8 = 320$MPa，实际抗拉强度为屈服强度与有效截面面积的乘积。以上受力分析是在静载下的测试结果，预制构件使用螺栓安装固定吊索具时，因预制构件在起吊或停止时会产生冲击荷载或惯性荷载，所以一般取 5 倍以上的安全系数。预制构件安装固定吊索具的常用螺栓允许承受拉力见表 6-2。

表 6-2　预制构件安装常用螺栓允许承受拉力分析表

螺栓型号	强度等级	有效截面 /mm²	抗拉强度 /（N/mm²）	屈服比值	屈服强度 /（N/mm²）	安全系数	建议承载 /t
M16	4.8	157	62800	0.8	50240	5	1
M16	8.8	157	125600	0.8	100480	5	2
M20	4.8	245	98000	0.8	78400	5	1.5
M20	8.8	245	19600	0.8	156800	5	3

（2）工程项目技术文件如未特别注明使用标准的，普通螺栓一般使用4.8级，高强螺栓一般使用8.8级。

（3）高强螺栓限单次使用，一次性永久连接，严禁重复使用。

2. 螺栓按头部形状分类

（1）螺栓按头部形状分为六角（图6-9）、圆头（图6-10）、方头（图6-11）、T形头（图6-12）、沉头（图6-13）及双头螺栓又称螺柱（图6-14）等类型。

（2）头部不同形状的螺栓根据设计要求可进行适宜的选择。

图6-9　六角螺栓　　　图6-10　圆头螺栓　　　图6-11　方头螺栓

 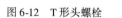  

图6-12　T形头螺栓　　　图6-13　沉头螺栓　　　图6-14　双头螺栓

3. 螺栓按螺纹形式分类

（1）螺栓按螺纹形式分为国际公制标准螺纹（也称公制扣）、美国标准螺纹、统一标准螺纹（也称英制扣）、圆螺纹、方螺纹等类型。

（2）我国普遍采用国际公制螺纹标准（公制扣），但根据设计要求，也可以采用统一标准螺纹（英制扣）或其他国家标准。

（3）以公制与英制相比较，其区别及表示方法如下：

公制螺纹的分度号为：0.75、1、1.25、1.5、2.0 等；英制螺纹的分度号为：11、14、19、28 等。公制螺纹的数字表示螺纹的距离。英制螺纹的数字代表螺纹的直径，如：

公制：例如 M20×2 中 20 代表螺纹的外径，2 代表螺距。

英制：例如 R1/4 中 1/4 代表螺纹尺寸的直径，单位是英寸。

（4）螺栓上相邻螺纹之间的距离叫螺距，俗称牙距。按国家标准"普通"公制螺纹上规定的螺距尺寸，生产出来的螺丝称粗牙螺丝。如果是与粗牙螺丝同样的螺纹外径，而螺距尺寸小于粗牙螺距尺寸的螺纹（也要符合细牙尺寸标准）习惯上称细牙螺纹。细牙螺纹比粗牙螺纹密封性好、止退能力强，常用于重点部位构件的安装节点上。

4. 螺栓的其他分类

（1）按螺纹长度可分为全螺纹（全扣）和半螺纹（半扣）螺栓。

（2）按材料还可分为碳钢和白钢螺栓等。

（3）按用途可分为法兰螺栓和地脚螺栓等。

（4）按安装位置尺寸分为大六角头和六角平头螺栓等。

（5）按产品等级分为 A 级（精制）、B 级（半精制）、C 级（粗制）螺栓。

根据不同使用部位及受力特点，设计单位会针对性地选用螺栓，因此在施工中必须严格按设计文件的技术要求进行选用。

6.4 安装节点连接件

根据设计文件要求，可采用通用型安装节点连接件或专用定制型安装节点连接件。

如设计文件无明确规定，材质一般采用 Q235 碳素结构钢，螺栓连接件采用 A 级或 B 级，焊接件采用 C 级或 D 级。

1. 通用型安装节点连接件

（1）七字码

七字码也称 L 型角码，一般用于预制墙体与水平构件之间的临时或永久性连接等，见图 6-15。

图 6-15 七字码（角码）

（2）一字码

一字码用于墙与墙水平连接或柱与柱间的垂直连接等，见图 6-16。如连接需要承受垂直方向受力同时加强定位，可定制加工冲压成型的侧翼加强型一字码，见图 6-17。

2. 定制型安装节点连接件

外挂墙板或特殊预制构件连接，根据预制构件重量及连接形式，在结构设计同时设计专用连接件（图 6-18），预制构件连接时，如发生高差可用同材质钢垫片（图 6-19）对节点连接件进行调节。连接件及垫片应按《钢结构设计标准》（GB 50017—2017）标准进行检测验收，验收合格方可使用。

图 6-16　一字码　　图 6-17　侧翼加强型一字码　　图 6-18　定制连接件

图 6-19　钢垫片

6.5　定位拉线

（1）施工测量用定位拉线一般有棉（图 6-20）、涤纶（图 6-21）和尼龙（也称锦纶，见图 6-22）等材质。

图 6-20　棉线　　　图 6-21　涤纶线　　　图 6-22　尼龙线

（2）棉线特点是弹性小、抗拉强度相对较低、易吸水改变自重，不宜大跨度使用，但打结容易。

（3）尼龙线特点是强度高、耐磨性好、抗老化，但弹性较大，质地较硬，不易打结。

（4）涤纶线特点是强度较高（相对强度仅次于尼龙）、弹性较低，不易吸水，因其性能适中，是测量放线的主要用材之一。

6.6 支撑系统

6.6.1 竖向支撑系统

预制叠合楼板、预制梁以及预制阳台等悬挑预制构件的支撑，可采用独立支撑（图6-23）或传统脚手架两种形式。支撑须按设计要求搭设。

1. 独立支撑系统的结构

独立支撑全称为独立可调钢支撑，是由套管、插管、支撑头和配套三角支架组成。

（1）套管由底座、钢管、调节螺管和调节螺母组成。

（2）插管由带销孔的钢管和插销组成。

（3）支撑头有平板形顶托和U形支托两种形式。

图6-23 独立支撑

2. 独立支撑系统的特点

（1）通用性强，能够适应不同层高预制构件的支撑。

（2）强度高，套管及配件采用 Q235 级碳钢材料制作。

（3）可多次重复使用，损耗率低。

（4）支撑搭设和拆除简单方便，提高作业效率，缩短工期，降低工程成本。

3. 独立支撑系统使用时注意事项

（1）使用高度超过 3.5m 时，需用扣件与钢管配合加固，并应加密布置。

（2）钢支撑应垂直安装，不准偏心受压。

（3）使用中发现套管或插管变形、紧固件松动脱扣、锈蚀严重等现象时，必须予以更换。

6.6.2 斜支撑系统

柱、墙等竖向预制构件或需侧向加固的梁等水平预制构件，均可采用可调节斜支撑进行固定。

斜支撑按其构造主要有两种形式：伸缩调节式和螺旋调节式。

1. 伸缩调节式斜支撑系统

（1）结构：伸缩调节式斜支撑是由套管、插管和支撑头三部分组成，见图6-24。

1）套管由底座、钢管、调节螺管和调节螺母组成。

2）插管由带销孔的钢管和插销组成。

图 6-24　伸缩调节式斜支撑

3）支撑头一般由 U 形板根据需要加工而成。

（2）材质：伸缩调节式斜支撑所有管材及配件需采用 Q235 级碳钢材料。

（3）优缺点：伸缩调节式斜支撑优点是调节幅度大，可达 1.5m 以上，通用性强；缺点是调节误差相对较大。

2. 螺旋调节式斜支撑系统

（1）结构：螺旋调节式斜支撑由内螺纹套管、外螺纹丝杠、支撑头等组合而成，见图 6-25。如使用钩式连接，需要配合锁紧螺母及固定拉环使用，见图 6-26。

图 6-25　螺旋调节式斜支撑

图 6-26　斜支撑配套拉环

（2）材质：螺旋调节式斜支撑所有管材及配件需采用 Q235 级碳钢材料。

（3）类型：螺旋调节式斜支撑按其与预制构件的连接方式分为双钩式、双支撑头式及单钩单头式三种，见图 6-27。

图 6-27　斜支撑配套支撑头

1）钩式连接是在外螺纹丝杠前端在工厂加工成连接钩，使用时将连接钩与预埋地面及固定在墙板上的 U 型拉环拉结紧密，然后旋紧锁紧螺母使其牢固。

2）支撑头式是将支撑头用螺栓与预制墙板上的预埋内丝螺母直接固定，另一端与地面预埋螺母或膨胀螺栓固定的连接方式。

（4）优缺点：螺旋调节式斜支撑的优点是固定后精度高，误差小，调节方便；缺点是与伸缩调节式相比，调节范围较小，一般在 0.4m 左右，需要根据实际支设长度订制，通用性相对较差。

第7章　预制构件安装准备

本章介绍预制构件安装前的准备工作，包括：预制构件安装计划编制（7.1）、预制构件安装部位检查及清理（7.2）、起重设备机具检查（7.3）、预制构件安装材料和配件准备（7.4）。

7.1　预制构件安装计划编制

1. 预制构件安装计划主要内容

（1）各种预制构件运输到场顺序和时间。

（2）测量放线时间。

（3）各种预制构件吊装顺序和时间。

（4）预制构件校正固定时间。

（5）接缝封堵、分仓、灌浆顺序及时间。

（6）各工种人员配备数量。

（7）质量监督检查方法。

（8）安全设施配备计划。

（9）各种检验数据实时采集方法。

（10）质量安全应急预案等。

2. 预制构件安装计划编制要点

（1）测算各种规格型号预制构件，从挂钩、立起、吊运、安装、校正、固定整个流程在各楼层所用的作业时间。

（2）依据测算的时间数据计算出一个施工段所有预制构件安装所需起重机的工作时间。

（3）对采用的套筒连接灌浆料、浆锚搭接灌浆料、座浆料要制作同条件试块，试压取得在 4h（座浆料）、18h、24h、

36h 的抗压强度，依据设计要求确定后序预制构件吊装的开始时间。

（4）根据以上时间要求及吊装顺序，编制以每小时计的预制构件到货计划、吊装计划及人员配备计划。

（5）尽可能采用预制构件直接从车上吊装到作业面的方式，为此需安排好预制构件运输的到场顺序和时间，并做好预制构件出厂前的质量检查，同时做好预制构件进场后的质量检查计划。

（6）在不影响预制构件吊装进度的同时，要及时穿插后浇混凝土所需模板、钢筋等材料的吊运，确定好时间节点。

（7）如果起重机工作时间不能满足全部吊装要求，吊运模板、钢筋等材料可采取其他垂直运输机械配合。

（8）根据预制构件连接形式，对后浇混凝土部分，确定支模方式、钢筋绑扎及混凝土浇筑方案，确定养护方案及养护所需时间，以保证下一施工段吊装工作按计划进行。

7.2　预制构件安装部位检查及清理

1. 安装部位现浇混凝土（或后浇混凝土）质量检查

在混凝土浇筑完成，且模板拆除后，应对预制构件连接部位的现浇混凝土质量进行检查，具体检查内容如下：

（1）采用目测观察混凝土表面是否存在漏振、蜂窝、麻面、夹渣、露筋等现象，现浇部位是否存在裂缝，如果存在上述质量缺陷问题，应由专业修补工人及时采用同等级强度的混凝土或采取高强度灌浆料进行修补。对于一般质量缺陷应在 24h 内完成修补，对于较大质量缺陷须在混凝土终凝前处理完成，避免混凝土终凝后增加处理难度，影响处理质量。

混凝土质量缺陷修补完成后，须采取覆膜或涂刷养护剂等方法对修补部位进行养护。

（2）采用卷尺和靠尺检查现浇部位截面尺寸是否正确，如果存在胀模现象，需进行剔凿等处理。

1）如出现大面积混凝土胀模，无法修复时，应及时剔除原有混凝土，并重新支设模板浇筑混凝土。

2）如果钢筋也外胀，剔凿后钢筋保护层不够时，应报设计、监理做技术变更方案，按方案进行处理，严禁采用截断钢筋的方式修补。

（3）采用检测尺对现浇部位垂直度、平整度进行检查。

（4）待混凝土达到一定龄期后，用回弹仪对混凝土的强度进行检查。

2. 伸出钢筋检查

在现浇混凝土浇筑前和浇筑完成后，应对预制构件所要连接的现浇混凝土伸出钢筋做如下检查：

（1）混凝土浇筑前检查

1）根据设计图纸要求，检查伸出钢筋的型号、规格、直径、数量及尺寸是否正确，保护层是否满足设计要求。

2）查看钢筋是否存在锈蚀、油污和混凝土残渣等影响钢筋与混凝土握裹力的质量问题。

3）根据楼层标高控制线，采用水准仪复核外露钢筋预留搭接长度是否符合图纸设计要求。

4）根据施工楼层轴线控制线，检查控制伸出钢筋的间距和位置的钢筋定位模板（图7-1）位置是否准确，固定是否牢固。

5）如发现上述问题需对伸出钢筋进行更换或处理。

（2）混凝土浇筑完成后检查

在混凝土浇筑完成后，需再次对伸出钢筋进行复核检查，其长度误差不得大于 5mm，其位置偏差不得大于 2mm。

3. 安装部位清理

（1）预制构件吊装就位前要将结合面的混凝土残渣、油污、灰尘等清理干净。

（2）对套筒内壁要仔细清理，可采用气枪吹气的方式清理残留的灰尘等杂物。

图 7-1　钢筋定位模板

（3）现浇混凝土表面要清理干净，保证表面平整，不能有凸出超过 10mm 的石子。

（4）外露的钢筋要保证表面没有残留的水泥浆，且没有锈蚀。

7.3　起重设备机具检查

1. 装配式建筑施工前对起重设备机具的检查

装配式建筑施工前应对起重设备和吊具、索具等机具进行安全性、可靠性检查，包括目测检查和试吊运行检查。

（1）目测检查

1）检查吊具、索具的钢丝绳、吊索链、吊装软带、吊钩、卡具、吊点、钢梁、钢架等是否有断丝、锈蚀、破损、松扣、开焊等现象，如有上述问题须进行更换或维修，更换或维修后经检查合格方可使用。

2）对起重设备进行系统全面的检查，如有问题要及时进行维护保养或维修，维护保养或维修后经检查合格方可使用。

3）施工期间要对起重设备和吊具、索具等机具进行定期检查和维护保养。

（2）试吊运行检查

试吊运行是对起重设备和吊具、索具等机具能否满足实际施工需要，以及机具的安全性和可靠性进行的全面性检查。

1）首先起重设备吊挂好吊具，再吊挂起最大最重预制构件进行试吊运行试验，如果在试吊运行过程中起重设备和吊具能够满足要求，还应将荷载加载到起重设备的最大安全极限，再次进行试吊运行检查。

2）试吊运行检查时还应满足各种预制构件水平运输的最远距离要求。

3）试吊运行还应对吊臂远端的预制构件起吊重量进行复核与试吊。

4）试吊运行过程中及试吊运行结束后，应及时对起重设备和吊具进行目测检查，发现问题须立即停止试吊运行，并及时进行更换或维修。

2. 预制构件吊装前吊具、索具的准备

（1）在不同预制构件起吊前，要提前准备好相应的专用吊具及索具，严禁混用、乱用吊具及索具。

（2）在预制构件起吊时，应保证起重设备的主钩位置、吊具及预制构件重心在垂直方向上重合，吊索与预制构件水平夹角不宜小于60°，不应小于45°，如果角度不满足要求应在吊具上对吊索角度进行调整。

（3）图7-2、图7-3为预制构件吊装实例。

图 7-2　用梁式吊具　　　　　图 7-3　用平面架式吊具
　　　　吊装双莲藕梁　　　　　　　　　吊装叠合楼板

3. 吊具索具的验收与检验

（1）采购的吊具及索具必须有合格证和检测报告，并存档备查。

（2）吊具及索具使用前应进行检验，在使用中也必须进行定期或不定期检查，以确保其始终处于安全状态。

（3）吊具及索具检验必须制定方案，明确检验方法、周期、频次、责任人，并做好检验记录。

（4）吊具及索具须重点检查以下内容：

1）钢丝绳是否有破股断股的情况。

2）吊钩的卡索板是否完好有效。

3）吊具是否存在裂纹，焊口是否完好。

4）钢制吊具必须经专业检测单位进行探伤检测，合格后方可使用。

7.4　预制构件安装材料和配件准备

根据装配式建筑工程施工图纸的要求，确定安装材料与配件的型号和数量，并在安装前准备到位。

安装常用材料和配件包括：

（1）材料。灌浆料、座浆料等接缝封堵与分仓材料、钢筋连接套筒、耐候建筑密封胶、泡聚氨酯保温材料、防火封堵材料、修补料等。

（2）配件。橡胶塞、海绵条、双面胶带、各种规格的螺栓、安装节点金属连接件、垫片（包括塑料垫片、钢垫片）、模板加固夹具等。

第8章 预制构件进场检查

本章介绍预制构件进场检查，包括：预制构件进场检查项目与验收方法（8.1）、预制构件进场验收手续（8.2）、不合格预制构件处理原则与程序（8.3）。

8.1 预制构件进场检查项目与验收方法

8.1.1 预制构件进场检查项目

预制构件进场检查项目及标准见表8-1。

表8-1 预制构件进场检查项目及标准

序号	检查项目		检查标准
1	资料交付	出厂合格证	齐全
		混凝土强度检验报告	
		钢筋套筒检验报告	
		合同要求的其他证明文件	
2	装卸、运输过程中对构件的损坏	磕碰掉角	不应出现
		造成裂缝	
		装饰层损坏	
		外漏钢筋被折弯	
3	影响直接安装的环节	套筒、预埋件规格、位置、数量	参照 GB/T 51231—2016 详见验收方法
		套筒或浆锚孔内是否干净	
		外露连接钢筋规格、位置、数量	
		配件是否齐全	
		构件几何尺寸	

（续）

序号	检查项目		检查标准
4	表面观感	见表 8-2 外观质量缺陷	不应有缺陷

表 8-2 预制构件外观质量缺陷分类

名称	现象	严重缺陷	一般缺陷
露筋	钢筋未被混凝土包裹而外露	纵向受力钢筋有露筋	其他钢筋有少量露筋
蜂窝	混凝土表面缺少水泥砂浆而形成石子外露	主要受力部位有蜂窝	其他部位有少量蜂窝
孔洞	混凝土中孔穴深度和长度均超过保护层厚度	主要受力部位有孔洞	其他部位有少量孔洞
夹渣	混凝土中夹有杂物且深度超过保护层厚度	主要受力部位有夹渣	其他部位有少量夹渣
疏松	混凝土中局部不密实	主要受力部位有疏松	其他部位有少量疏松
裂缝	缝隙从混凝土表面延伸至混凝土内部	主要受力部位有影响结构性能或使用功能的裂缝	其他部位有少量不影响结构性能或使用功能的裂缝
连接部位缺陷	连接部位混凝土缺陷及连接钢筋、连接件松动；钢筋严重锈蚀、弯曲，灌浆套筒堵塞、偏移，灌浆孔洞堵塞、偏位、破损等缺陷	连接部位有影响结构传力性能的缺陷	连接部位有基本不影响结构传力性能的缺陷

名称	现象	严重缺陷	一般缺陷
外形缺陷	缺棱掉角、棱角不直、翘曲不平、飞出凸肋等，装饰面砖粘结不牢、表面不平、砖缝不顺直等	清水混凝土表面或具有装饰功能的预制构件有影响使用功能或装饰效果的外形缺陷	其他预制构件有不影响使用功能的外形缺陷
外表缺陷	表面出现麻面、掉皮、起砂、玷污等	具有重要装饰效果的清水混凝土构件有外表缺陷	其他预制构件有不影响使用功能的外表缺陷

8.1.2 预制构件进场验收方法

1. 规格型号和数量核实

（1）按发货单核实进场预制构件的规格型号和数量，并拍照记录。如果有误及时通知预制构件工厂，并立即进行调换或补充。

（2）在预制构件计划总表或安装图纸上用醒目的颜色将已经运输到施工现场的预制构件做好标记，并据此统计出已到场和尚未发货的预制构件，避免出错。

（3）如有预制构件安装的配套件，须按发货单一并验收。

（4）在运输预制构件的车上直接将预制构件吊装到作业面时，预制构件出厂前应进行更全面细致的检查，以减少施工现场检查的时间。

（5）在运输车上检查时，有些不方便检查的部位可以用手机借助自拍杆拍照的方式进行检查。

2. 质量检验

预制构件进场的质量检验是在预制构件工厂对预制构件

检查合格的基础上进行进场验收，外观质量应全数检查，尺寸偏差为按批抽样检查。

（1）外观严重缺陷检验

1）预制构件外观严重缺陷检验是主控检验项目，须通过观察、尺量的方式进行全数检查。

2）预制构件不应有严重缺陷，且不应有影响结构性能和安装、使用功能的尺寸偏差。

3）严重缺陷包括：

①纵向受力钢筋露筋。

②主要受力部位有蜂窝、孔洞、夹渣、疏松等。

③有影响结构性能或使用功能的裂缝。

④连接部位有影响使用功能或装饰效果的外形缺陷。

⑤清水混凝土、石材反打、装饰面砖反打和装饰混凝土预制构件表面有影响装饰效果的外表缺陷等，见表8-2。

4）如果预制构件存在严重缺陷，或存在影响结构性能和安装、使用功能的尺寸偏差，不准安装，须由预制构件工厂进行处理，技术处理方案经监理同意后方可进行；对裂缝或连接部位及其他影响结构安全的严重缺陷，技术处理方案还应经设计单位同意。处理后的预制构件应进行重新验收。

（2）预留插筋、埋置套筒、预埋件等检验

对预制构件外伸钢筋、套筒、浆锚孔、钢筋预留孔、预埋件、预埋避雷带、预埋管线等进行检验，这些检验也是主控检验项目，须进行全数检查。如果不符合设计要求则不得安装。

1）外伸钢筋须检查：钢筋类型、直径、数量、位置、外伸长度是否符合设计要求。

2）套筒和浆锚孔须检查：数量、型号、位置、套筒或浆锚孔内是否有异物，还要有型式检验报告。

    3）钢筋预留孔须检查：位置、数量、规格型号。

    4）预埋件须检查：位置、数量、规格型号。

    5）预埋避雷带须检查：位置、数量、规格型号。

    6）预埋管线须检查：位置、数量、规格型号。

（3）梁板类简支受弯预制构件结构性能检验

梁板类简支受弯预制构件或设计有要求的预制构件须进行结构性能检验。结构性能检验是针对预制构件的承载力、挠度、裂缝控制性能等各项指标所进行的检验，属于主控检验项目。

工地往往不具备结构性能检验的条件，结构性能检验宜在预制构件工厂进行，检验时监理、建设方和施工方代表应到场旁站。

国家标准《混凝土结构工程施工质量验收规范》GB 50204—2015 附录 B《受弯预制构件结构性能检验》给出了结构性能检验的要求与方法。

    1）钢筋混凝土构件和允许出现裂缝的预应力混凝土构件应进行承载力、挠度和裂缝宽度检验；不允许出现裂缝的预应力混凝土构件应进行承载力、挠度和抗裂检验。

    2）对大型构件及有可靠应用经验的构件，可只进行裂缝宽度、抗裂和挠度检验。

    3）对使用数量较少的构件，当能提供可靠依据时，可不进行结构性能检验。

（4）预制构件受力钢筋和混凝土强度实体检验

    1）对于不需要做结构性能检验的预制构件，如果监理或建设单位派出代表驻厂监督生产过程，对进场预制构件可以不做实体检验，否则，应对进场预制构件的受力钢筋和混凝土进行实体检验。此项为主控检验项目，抽样检验。

2）检验数量为同一类预制构件时不超过1000个为一批，每批抽取一个预制构件进行结构性能检验。

3）同一类预制构件是指同一钢种、同一混凝土强度等级、同一生产工艺和同一结构形式的预制构件。

4）受力钢筋需要检验其数量、规格、间距和保护层厚度。

5）混凝土需要检验强度等级。

6）实体检验宜采用不破损的方法进行检验，即使用专业探测仪器进行检验。在没有专业仪器的情况下，也可以采用破损方法进行检验。

（5）标识检查

1）标识检查属于一般检验项目，标识检查为全数检查。

2）预制构件的标识内容包括：制作单位、预制构件编号、型号、规格、强度等级、生产日期、质量验收标志等。

（6）外观一般性缺陷检查

1）外观一般性缺陷检查为一般项目，应全数检查。

2）一般性缺陷包括：

①纵向受力钢筋以外的其他钢筋有少量露筋。

②非主要受力部位有少量蜂窝、孔洞、夹渣、疏松、不影响结构性能或使用性能的裂缝。

③连接部位有基本不影响结构传力性能的缺陷。

④不影响使用功能的外形缺陷和外表缺陷。

3）一般缺陷应当由预制构件工厂处理后重新验收。

（7）尺寸偏差检查

需要检查尺寸误差、角度误差和表面平整度误差。各类预制构件尺寸允许偏差及检验方法见表8-3～表8-6。检查项目同时应当拍照记录与《预制构件进场检验批质量验收记录》（表8-7）一并存档。

表8-3 预制楼板类构件外形尺寸允许偏差及检验方法

项次	检查项目			允许偏差 /mm	检验方法
1	规格尺寸	长度	<12m	±5	用尺量两端及中间部，取其中偏差绝对值较大者
			≥12m 且 <18m	±10	
			≥18m	±20	
2		宽度		±5	用尺量两端及中间部，取其中偏差绝对值较大者
3		厚度		±5	用尺量板四角和四边中部位置共8处，取其中偏差绝对值较大者
4	外形	对角线差		6	在构件表面，用尺量测两对角线的长度，取其绝对值的差值
5		表面平整度	内表面	4	用2m靠尺安放在构件表面上，用楔形塞尺量测靠尺与表面之间的最大缝隙
			外表面	3	
6		楼板侧向弯曲		$L/750$ 且 ≤20mm	拉线，钢尺量最大弯曲处
7		扭翘		$L/750$	四对角拉两条线，量测两线交点之间的距离，其值的2倍为扭翘值

(续)

项次	检查项目			允许偏差 /mm	检验方法
8	预埋部件	预埋钢板	中心线位置偏差	5	用尺量测纵横两个方向的中心线位置,取其中较大值
			平面高差	0, -5	用尺紧靠在预埋件上,用楔形塞尺量测预埋件平面与混凝土面的最大缝隙
9		预埋螺栓	中心线位置偏移	2	用尺量测纵横两个方向的中心线位置,取其中较大值
			外露长度	+10, -5	用尺量
10		预埋线盒、电盒	在构件平面的水平方向中心位置偏差	10	用尺量
			与构件表面混凝土高差	0, -5	用尺量
11	预留孔		中心线位置偏移	5	用尺量测纵横两个方向的中心线位置,取其中较大值
			孔尺寸	±5	用尺量测纵横两个方向尺寸,取其中最大值

项次	检查项目		允许偏差/mm	检验方法
12	预留洞	中心线位置偏移	5	用尺量测纵横两个方向的中心线位置，取其中较大值
		洞口尺寸，深度	±5	用尺量测纵横两个方向尺寸，取其中最大值
13	预留插筋	中心线位置偏移	3	用尺量测纵横两个方向的中心线位置，取其中较大值
		外露长度	±5	用尺量
14	吊环，木砖	中心线位置偏移	10	用尺量测纵横两个方向的中心线位置，取其中较大值
		留出高度	0，−10	用尺量
15	桁架钢筋高度		+5，0	用尺量

表 8-4　预制墙板类构件外形尺寸允许偏差及检验方法

项次	检查项目		允许偏差/mm	检验方法
1	规格尺寸	高度	±4	用尺量两端及中间部，取其中偏差绝对值较大者
2		宽度	±4	用尺量两端及中间部，取其中偏差绝对值较大者
3		厚度	±3	用尺量板四角和四边中部位置共8处，取其中偏差绝对值较大者

项次	检查项目			允许偏差/mm	检验方法
4	对角线差			5	在构件表面，用尺量测两对角线的长度，取其绝对值的差值
5	外形	表面平整度	内表面	4	用2m靠尺安放在构件表面上，用楔形塞尺量测靠尺与表面之间的最大缝隙
			外表面	3	
6		侧向弯曲		$L/1000$ 且 $\leq 20mm$	拉线，钢尺量最大弯曲处
7		扭翘		$L/1000$	四对角拉两条线，量测两线交点之间的距离，其值的2倍为扭翘值
8	预埋部件	预埋钢板	中心线位置偏移	5	用尺量测纵横两个方向的中心线位置，取其中较大值
			平面高差	0，-5	用尺紧靠在预埋件上，用楔形塞尺量测预埋件表面与混凝土面的最大缝隙
9		预埋螺栓	中心线位置偏移	2	用尺量测纵横两个方向的中心线位置，取中较大值
			外露长度	+10，-5	用尺量

项次	检查项目			允许偏差 /mm	检验方法
10	预埋部件	预埋套筒、螺母	中心线位置偏移	2	用尺量测纵横两个方向的中心线位置，取其中较大值
			平面高差	0，-5	用尺紧靠在预埋件上，用楔形塞尺量测预埋件表面与混凝土面的最大缝隙
11	预留孔	中心线位置偏移		5	用尺量测纵横两个方向的中心线位置，取其中较大值
		孔尺寸		±5	用尺量测纵横两个方向尺寸，取其中最大值
12	预留洞	中心线位置偏移		5	用尺量测纵横两个方向的中心线位置，取其中较大值
		洞口尺寸，深度		±5	用尺量测纵横两个方向尺寸，取其中最大值
13	预留插筋	中心线位置偏移		3	用尺量测纵横两个方向的中心线位置，取其中较大值
		外露长度		±5	用尺量

项次		检查项目	允许偏差/mm	检验方法
14	吊环，木砖	中心线位置偏移	10	用尺量测纵横两个方向的中心线位置，取其中较大值
		与构件表面混凝土高差	0，－10	用尺量
15	键槽	中心线位置偏移	5	用尺量测纵横两个方向的中心线位置，取其中较大值
		长度、宽度	±5	用尺量
		深度	±5	用尺量
16	灌浆套筒及连接钢筋	灌浆套筒中心线位置	2	用尺量测纵横两个方向的中心线位置，取其中较大值
		连接钢筋中心线位置	2	用尺量测纵横两个方向的中心线位置，取其中较大值
		连接钢筋外露长度	+10，0	用尺量

表 8-5 预制梁柱桁架类构件外形尺寸允许偏差及检验方法

项次		检查项目		允许偏差/mm	检验方法
1	规格尺寸	长度	<12m	±5	用尺量两端及中间部，取其中偏差绝对值较大值
			≥12m 且 <18m	±10	
			≥18m	±20	

项次	检查项目		允许偏差 /mm	检验方法
2	规格尺寸	宽度	±5	用尺量两端及中间部，取其中偏差绝对值较大值
3		厚度	±5	用尺量板四角和四边中部位置共8处，取其中偏差绝对值最大值
4	表面平整度		4	用2m靠尺安放在构件表面上，用楔形塞尺量测靠尺与表面之间的最大缝隙
5	侧向弯曲	梁柱	L/750 且 ≤20mm	拉线，钢尺量最大弯曲处
		桁架	L/1000 且 ≤20mm	
6	预埋部件	预埋钢板 中心线位置偏差	5	用尺量测纵横两个方向的中心线位置，取其中较大值
7		预埋钢板 平面高差	0，-5	用尺紧靠在预埋件上，用楔形塞尺量测预埋件平面与混凝土面的最大缝隙
		预埋螺栓 中心线位置偏移	2	用尺量测纵横两个方向的中心线位置，取其中较大值
		预埋螺栓 外露长度	+10，-5	用尺量

项次	检查项目		允许偏差 /mm	检验方法
8	预留孔	中心线位置偏移	5	用尺量测纵横两个方向的中心线位置，取其中较大值
		孔尺寸	±5	用尺量测纵横两个方向尺寸，取其中最大值
9	预留洞	中心线位置偏移	5	用尺量测纵横两个方向的中心线位置，取其中较大值
		洞口尺寸，深度	±5	用尺量测纵横两个方向尺寸，取其中最大值
10	预留插筋	中心线位置偏移	3	用尺量测纵横两个方向的中心线位置，取其中较大值
		外露长度	±5	用尺量
11	吊环	中心线位置偏移	10	用尺量测纵横两个方向的中心线位置，取其中较大值
		留出高度	0，-10	用尺量
12	键槽	中心线位置偏移	5	用尺量测纵横两个方向的中心线位置，取其中较大值
		长度、宽度	±5	用尺量
		深度	±5	用尺量

项次		检查项目	允许偏差/mm	检验方法
13	灌浆套筒及连接钢筋	灌浆套筒中心线位置	2	用尺量测纵横两个方向的中心线位置，取其中较大值
		连接钢筋中心线位置	2	用尺量测纵横两个方向的中心线位置，取其中较大值
		连接钢筋外露长度	+10，0	用尺量

表 8-6　有表面装饰的预制构件外观尺寸允许偏差及检验方法

项次	装饰种类	检查项目	允许偏差/mm	检验方法
1	通用	表面平整度	2	2m靠尺或塞尺检查
2	面砖、石材	阳角方正	2	用托线板检查
3		上口平直	2	拉通线用钢尺检查
4		接缝平直	3	用钢尺或塞尺检查
5		接缝深度	±5	用钢尺或塞尺检查
6		接缝宽度	±5	用钢尺检查

表 8-7　预制构件进场检验批质量验收记录

单位（子单位）工程名称			
分部（子分部）工程名称		验收部位	
施工单位		项目经理	

构件制作单位		构件制作单位 项目经理	
施工执行标准名称及编号			

		施工质量验收规程规定		施工单位检查 评定记录	监理 （建设） 单位验 收记录
主控项目	1	预制构件合格证及 质量证明文件	符合标准		
	2	预制构件标识	符合标准		
	3	预制构件外观严重 缺陷	符合标准		
	4	预制构件预留吊环、 焊接埋件	符合标准		
	5	预留预埋件规格、 位置、数量	符合标准		
	6	预留连 接钢筋	中心位置/mm	3	
			外露长度/mm	0，5	
	7	预埋灌 浆套筒	中心位置/mm	2	
			套筒内部	未堵塞	
	8	预埋件 （安装用 孔洞或 螺母）	中心位置/mm	3	
			螺母内壁	未堵塞	
	9	与后浇部位模板接茬 范围平整度/mm		2	

施工质量验收规程规定				施工单位检查评定记录	监理（建设）单位验收记录
一般项目	1	预制构件外观一般缺陷	符合标准		
	2	长度/mm	±3		
	3	宽度、高(厚)度/mm	±3		
	4	预埋件	中心线位置/mm	5		
			安装平整度/mm	3		
	5	预留孔、槽	中心位置/mm	5		
			尺寸/mm	0，5		
	6	预留吊环	中心位置/mm	5		
			外露钢筋/mm	0，10		
	7	钢筋保护层厚度/mm	+5，-3		
	8	表面平整度/mm	3		
	9	预留钢筋	中心线位置/mm	3		
			外露长度/mm	0，5		

施工单位检查评定结果	专业工长（施工员）		施工班组长	
	项目专业质量检查员：			年　月　日

监理（建设）单位验收结论	专业监理工程师（建设单位项目专业技术负责人）：	年　月　日

8.2 预制构件进场验收手续

1. 发货单

发货单应包括预制构件及安装配套件的名称、规格型号、数量、所在部位等信息。

2. 质量证明文件检查

质量证明文件检查属于主控项目，即"对安全、节能、环境保护和主要使用功能起决定性作用的检验项目"。须对每一个预制构件的质量证明文件进行检查。

预制构件质量证明文件包括：

（1）预制构件出厂合格证，见表8-8。

（2）混凝土强度检验报告。

（3）钢筋套管与灌浆料拉力试验报告。

（4）结构性能检验报告（如果需要）。

（5）有设计或合同约定的混凝土抗渗、抗冻等性能的试验报告。

（6）合同要求的其他质量证明文件。

表8-8 预制构件出厂合格证（范本）

预制构件出厂合格证		资料编号	
工程名称及使用部位		合格证编号	
预制构件名称	规格型号	供应数量	
预制构件工厂		企业等级证	
标准图号或设计图纸号		混凝土设计强度等级	
混凝土浇筑日期	至	预制构件出厂日期	

预制构件出厂合格证			资料编号		
性能检验评定结果	混凝土抗压强度		主筋		
	试验编号	达到设计强度（%）	试验编号	力学性能	工艺性能
	外观		面层装饰材料		
	质量状况	规格尺寸	试验编号		试验结论
	保温材料		保温连接件		
	试验编号	试验结论	试验编号		试验结论
	钢筋连接套筒		结构性能		
	试验编号	试验结论	试验编号		试验结论

备注		结论：
预制构件工厂技术负责人	填表人	预制构件工厂（盖章）
填表日期：		

　　预制构件的钢筋、混凝土、预应力材料、套管、预埋件等原材料和配套件的检验报告和预制构件制作过程的隐蔽工程记录，在预制构件进场时可不提供，应在预制构件工厂存档。

　　对于总承包企业自行制作预制构件的情况，没有进场的验收环节，质量证明文件检查为检查预制构件制作过程中的质量验收记录。

8.3 不合格预制构件处理原则与程序

（1）运送到施工现场的预制构件，如果在车上即检验为不合格，则不需卸车，可随运输车返回工厂维修或更换。

（2）如果是卸车后在存放场地检验为不合格预制构件，可以将其隔离单独存放，并通知预制构件工厂安排技术人员进行维修等处理，维修处理后须进行重新检验。

（3）经维修处理仍然不合格的预制构件应做报废处理，并做好醒目的不合格品标识，防止混放后误当合格品使用，影响工程质量。

第9章　预制构件卸车、场内运输与存放

本章介绍预制构件卸车（9.1）、需翻转的预制构件翻转作业（9.2）、预制构件场内运输（9.3）、预制构件临时存放（9.4）以及预制构件保护（9.5）。

9.1　预制构件卸车

预制构件卸车有两种情况，一种是将预制构件从车上直接起吊到作业面，见图9-1；另一种是从车上将预制构件吊卸到存放场地，见图9-2。将预制构件直接吊到作业面具有提高作业效率、减少预制构件损坏、节省施工作业场地等优点。

图9-1　预制构件直接
吊至作业面

图9-2　施工现场预制构件
存放场地

预制构件从车上直接吊卸到作业面需要做好以下工作：

（1）编制详细的预制构件安装计划，提前发给预制构件工厂，计划包括预制构件的品种、数量、安装顺序等，工厂按照安装计划生产、发货。

（2）提前一天向工厂发出需要安装的预制构件具体到货时间的指令，要预留预制构件进场后的检验时间，同时要充

分考虑运输途中堵车、货车限行等因素。

（3）现场道路要保持顺畅，前一辆车吊卸完成离开吊卸场地后，后一辆车能及时到位，施工现场或周边应有足够的停车位置。

（4）预制构件到场后，直接在车上检查验收的检测工具、验收方法、验收方案是否可行。车上检查的主要项目应包括：

1）检查到场的预制构件型号、数量是否与发货计划相符。

2）检查预制构件尺寸是否超过允许偏差。

3）检查钢筋套筒、浆锚孔内是否有堵塞情况。

4）检查预埋件是否有缺失，位置是否准确。

5）检查是否有破损情况。

（5）车上检查预制构件不合格时，须有应急预案。

（6）水平运输垂直安装的预制构件如：预制柱、预制墙板等，吊卸时须在车上翻转立起，作业的具体方法参见本章9.2节。

（7）吊装时不能歪拉斜拽，以免预制构件起吊时发生侧移，产生危险。

（8）吊具吊索固定牢固后，所有车上人员要到地面指挥或作业。

（9）预制构件吊装就位后及时安装临时支撑，在临时支撑连接牢固后，吊装预制构件的索具方能脱钩。

（10）工厂调度、运输预制构件的司机、工地现场调度要有顺畅的联系方式，信息能够及时传达。

9.2 需翻转的预制构件翻转作业

预制构件翻转吊点须由结构设计确定，并给出设计图。

通常情况是竖向预制构件水平运输及水平预制构件竖向运输时需要翻转。竖向预制构件水平运输的有柱、较大尺寸的外挂墙板，夹芯剪力墙板等；水平预制构件竖向运输的有楼梯等。

预制构件翻转作业要点如下：

（1）制定翻转方案，并提前验证方案的可靠性。

（2）预制墙板在车上起吊时，要保证先立直再起升，避免车上的预制墙板存放架受力倾覆。

（3）预制构件翻转作业方式一般有两种：软带捆绑式（图9-3）和预埋吊点式（图9-4）。

图9-3　软带捆绑式翻转　　　图9-4　预埋吊点式翻转

（4）预埋吊点式翻转预制构件常采用吊钩翻转方式，吊钩翻转方式有单吊钩翻转和双吊钩翻转两种形式：

1）单吊钩翻转是在预制构件的一端挂钩，将"躺着"的预制构件拉起，要在预制构件翻转时接触的地面上铺设软隔垫，避免预制构件边角损坏。

2）双吊钩翻转是采用两台起重机翻转，或者用一台起重机的主副两吊钩进行翻转。翻转过程中要安排起重指挥，两个吊钩升降应协同，绳索与预制构件之间须用软质材料加以隔垫，防止预制构件棱角损坏。

9.3 预制构件场内运输

预制构件在现场的存放场地一般都在起重机的吊装作业半径内，所以，预制构件在施工场地内的运输属于个别现象，如果存放场地不在起重机的吊装作业半径内，就需要进行场内运输，场内运输着重注意以下几点：

(1) 装卸预制构件可以采用轮式起重机。

(2) 各种预制构件摆渡车运输都要事先设计装车方案。

(3) 按照设计要求的支撑位置放置垫方或垫块，垫方和垫块的材质应符合设计要求。

(4) 预制构件在摆渡车上要有防止滑动、倾倒的临时固定措施。

(5) 根据车辆载重量计算运输预制构件的数量。

(6) 对预制构件棱角进行保护。

(7) 墙板在靠放架上运输时，靠放架与摆渡车之间应当用封车带绑扎牢固。

9.4 预制构件临时存放

现场预制构件临时存放方式和要求原则上应符合预制构件工厂的存放方式和要求，如因现场条件限制，存放方式无法与工厂保持一致，就要制定专项存放方案。

1. 需设计给出存放要求

设计人员需给出存放的要求，包括：支承点数量、位置、预制构件是否可以多层叠放、可以叠放几层等。如果设计没有给出要求，则需要施工技术人员及监理提出存放方案，并经设计人员确认后方可实施；通常吊点对应的位置作为支承点。

2. 存放要点

(1) 根据设计要求的支承点位置和存放层数制定存放方案，编制存放平面布置图。

(2) 进场预制构件检验后应按合格、待修和不合格区分类存放，并标识清晰。

(3) 存放场地应平整，进出道路应畅通，排水良好，地基坚实，满足承载力要求，防止因地面不均匀下沉而使预制构件不稳倾倒。

(4) 预制构件应按规格型号、检验状态、吊装顺序分类存放，先吊装的预制构件应存放在外侧或上层，要避免二次吊运，预埋吊件应朝上，并将有标识的一面朝向通道一侧。

(5) 预制构件的存放高度及数量，应考虑存放处地面的承压力和预制构件的总重量以及预制构件的刚度及稳定性的要求。

(6) 楼板、阳台板、楼梯、柱、梁及部分外墙板等预制构件宜叠放或单独平放，叠合楼板及部分外墙板叠放层数不应超过6层，楼梯叠放不应超过4层，可以叠放的梁、柱，叠放层数不应超过3层，不宜叠放的梁、柱，可以单独平放；叠放要保持平稳，底部应放置垫木或垫块。垫木或垫块厚度应高于吊环高度，且厚度要相等。预制构件之间的支点要在同一条垂直线上。存放预制构件的垫木或垫块，应能承受上部预制构件的重量，见图9-5和图9-6。

图9-5　预制外墙板叠放

图9-6 预制叠合楼板叠放

（7）对侧向刚度差、重心较高、支承面较窄的预制构件，如预制内外墙板、外挂墙板宜采用插放或靠放，插放即采用存放架立式存放（图9-7和图9-8），存放架应有足够的刚度，并应支垫稳固，薄弱预制构件、预制构件薄弱部位和门窗洞口应采取防止变形开裂的临时加固措施。如采用靠放架立放的预制构件，必须对称靠放和吊运，其倾斜角度应保持大于80°（图9-9），预制构件上部宜用木块隔开。靠放架宜用金属材料制作，使用前要认真检查和验收，靠放架的高度应为预制构件的三分之二以上，见图9-10。

图9-7 立放法存放的
预制外墙板

图9-8 支撑高度
可调式预制构件插放架

图9-9 预制墙板靠放　　　　　图9-10 靠放架

（8）特殊和不规则形状预制构件的存放，应制定专项存放方案并严格执行。

（9）预制构件采用多点支垫时，一定要避免边缘支垫低于中间支垫，导致形成过长的悬臂，造成较大的负弯矩使其产生裂缝，见图9-11。

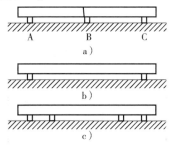

图9-11 梁的支撑方式
a）B点出现裂缝，B点支垫高了所致　b）两点支撑方式
c）四点支撑方式

（10）连接止水条、高低口、墙体转角等薄弱部位，应采用定型保护垫块或专用式套件作加强保护，图9-12为工厂内预先粘贴好止水条的预制构件。

图 9-12　工厂内预先粘贴止水条的预制构件

（11）其他要求

1）梁柱一体三维预制构件存放应当设置防止倾倒的专用支架。

2）带飘窗的预制墙体应设有支架立式存放。

3）阳台板、L 形构件、挑檐板、曲面板、梁墙一体、柱墙一体等特殊预制构件宜采用单独平放的方式存放，见图 9-13；有些异形构件也可以叠放，见图 9-14。

4）预应力构件存放应根据构件起拱值的大小和存放时间采取相应措施。

图 9-13　异形预制构件的存放

5）预制构件标识要在容易看到的位置，如靠通道侧。

6）装饰一体化预制构件要采取防止污染的措施。

7）伸出钢筋超出预制构件的长度或宽度时，要在钢筋上做好醒目的标识，以免经过人员受伤，见图9-15。

图9-14　L形预制构件叠放方式　　图9-15　伸出钢筋的危险标识

9.5　预制构件保护

施工现场预制构件保护要注意以下要点：

（1）预制构件应按类型分别存放，预制构件之间应留有足够的空间，防止相互碰撞造成损坏。

（2）预制构件外露的金属预埋件应镀锌或涂刷防锈漆，防止锈蚀及污染预制构件。

（3）预制构件外露钢筋应采取防弯折、防锈蚀措施，对已套丝的直螺纹钢筋盖好保护帽以防碰坏螺纹。

（4）预制构件外露保温板应采取防止开裂的措施。

（5）预制构件的钢筋连接套筒、浆锚孔、预埋孔洞等应采取防止堵塞的临时封堵措施。

（6）预制构件存放支撑的位置和方法，应根据其受力情况确定，但不得超过预制构件承载力或引起预制构件损伤；预制构件与刚性搁置点之间应设置柔性垫片，且垫片表面应有防止污染预制构件的措施。

（7）预制构件存放处2m内不得进行电焊、气焊、油漆喷涂等作业，以免对预制构件造成污染。

（8）预制楼梯踏步宜铺设木板或其他覆盖形式保护。

（9）预制墙板门框、窗框和带外装饰材料的预制构件表面宜采用塑料贴膜或者其他措施进行防护；预制墙板门窗洞口线角宜用槽型木框保护。

（10）清水混凝土预制构件应制定专项防护措施方案，全过程进行防尘、防油、防污染、防破损；棱角部分可采用角型塑料条进行保护。

（11）预制构件在驳运、存放过程中起吊和摆放时，需轻起慢放，避免损坏。

第10章 预制构件安装前放线

放线是建筑施工中关键环节，在装配式混凝土建筑中尤为重要，放线人员必须是经过培训的技术人员，放线完成后需要技术和质量负责人进行核验，确认无误后才能进行下一步施工。本章介绍放线要点（10.1）、柱放线（10.2）、梁放线（10.3）、剪力墙板放线（10.4）、楼板放线（10.5）、外挂墙板放线（10.6）以及其他预制构件放线（10.7）。

10.1 放线要点

（1）采用经纬仪将建筑首层轴线控制点投射至施工层。

（2）根据施工图纸弹出轴线及控制线。

（3）根据施工楼层基准线和施工图纸进行预制构件位置边线（预制构件的底部水平投影框线）的确定。

（4）预制构件位置边线放线完成后，要用醒目颜色的油漆或记号笔做出定位标识，见图10-1。定位标识要根据方案设计明确设置，对于轴线控制线、预制构件边线、预制构件中心线及标高控制线等定位标识应作明显区分。

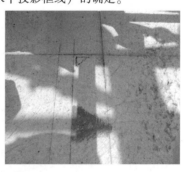

图10-1 定位标识图

（5）预制构件安装原则上以中心线控制位置，误差由两边分摊。可将构件中心线用墨斗分别弹在结构和构件上，方便安装就位时进行定位测量。

（6）预制剪力墙外墙板、外挂墙板、悬挑楼板和位于建筑表面的柱、梁的"左右"方向与其他预制构件一样以轴线作为控制线。"前后"方向以外墙面作为控制边界，外墙面控制可以采用从主体结构探出定位杆进行拉线测量的方法进行控制。墙板放线定位方法见图10-2。

（7）建筑内墙预制构件，包括剪力墙内墙板、内隔墙板、内梁等，应采用中心线定位法进行定位控制。

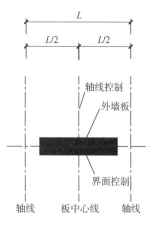

10-2　墙板定位线示意图

10.2　柱放线

（1）柱子进场验收合格后，在柱底部往上1000mm处弹出标高控制线。

（2）各层柱子安装分别要测放轴线、边线、安装控制线，见图10-3。

（3）每层柱子安装要在柱子根部的两个方向标记中心线，安装时使其与轴线吻合。

图10-3　柱子放线

10.3 梁放线

（1）梁进场验收合格后，在梁端（或底部）弹出中心线。

（2）在校正加固完的墙板或柱子上标出梁底标高、梁边线，或在地面上测放梁的投影线。

10.4 剪力墙板放线

（1）剪力墙板进场验收合格后，在剪力墙板底部往上500mm处弹出水平控制线。

（2）以剪力墙板轴线作为参照，弹出剪力墙板边界线，见图10-4。

（3）在剪力墙板左右两边向内500mm各弹出两条竖向控制线，见图10-5。

图10-4　剪力墙板边界线　　　图10-5　剪力墙板竖向控制线

10.5 楼板放线

（1）楼板依据轴线和控制网线分别引出控制线。

（2）在校正完的墙板或梁上弹出标高控制线。

（3）每块楼板要有两个方向的控制线。

（4）在梁上或墙板上标识出楼板的位置。

10.6 外挂墙板放线

（1）设置楼面轴线垂直控制点，楼层上的控制轴线用垂线仪及经纬仪由底层原始点直接向上引测。

（2）每个楼层设置标高控制点，在该楼层柱上放出500mm标高线，利用500mm线在楼面进行第一次墙板标高抄平及控制，利用垫片调整标高，见图10-6，在外挂墙板上放出距离结构标高500mm的水平线，进行第二次墙板标高抄平及控制。

（3）外挂墙板控制线，墙面方向按界面控制，左右方向按轴线控制，见图10-7。

图 10-6　测定并调整标高　　图 10-7　划外挂墙板水平及竖向线

（4）外挂墙板安装前，在墙板内侧弹出竖向与水平线，安装时与楼层上该墙板控制线相对应。

（5）外挂墙板垂直度测量，4个角留设的测点为外挂墙板转换控制点，用靠尺（托线板）以此4点在内侧及外侧进行垂直度校核和测量（因预制外挂墙板外侧为模板面，平整度有保证，所以墙板垂直度以外侧为准）。

10.7 其他预制构件放线

（1）预制构件进场验收合格后，先在构件上弹出控制线。

（2）预制空调板、阳台板、楼梯控制线依次由轴线控制网引出，每块预制构件均有纵、横两条控制线。

（3）在预制构件安装部位相邻的预制构件上或现浇的结构上弹出控制线和标高线。

（4）曲面等异形预制构件放线时要根据预制构件的特征，在预制构件上找出 3～5 个控制点，对应在安装预制构件的部位进行测量放线。在选择安装控制点时，要取便于测放点线的部位。

第 11 章　预制构件单元试安装

根据国家标准《装配式混凝土建筑技术标准》GB/T 51231—2016 中第 10.1.5 条款的规定：装配式混凝土建筑施工前，宜选择有代表性的单元进行预制构件试安装。本章介绍预制构件单元试安装，具体内容包括：单元试安装目的与单元选择（11.1）、单元试安装注意事项（11.2）、单元试安装总结与问题整改（11.3）。

11.1　单元试安装目的与单元选择

单元试安装是指在正式安装前对平面跨度内包括各类预制构件的单元进行试验性的安装，以便提前发现、解决安装中存在的问题，并在正式安装前做好各项准备工作。

1. 单元试安装的目的

（1）验证施工组织设计的可行性。

（2）检验施工方案的合理性、可行性。

（3）通过试安装优化施工方案。

（4）培训安装人员。

（5）调试安装设备。

（6）便于新结构体系方案完善和推广使用。

2. 试安装的单元选择

（1）宜选择一个具有代表性的单元进行预制构件试安装，见图 11-1。

（2）应选择预制构件比较全、难度大的单元进行试安装。

（3）签订预制构件采购合同时告知预制构件厂需要试安

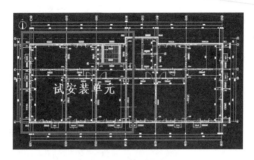

图 11-1　试安装单元

装的构件，要求预制构件厂先行安排生产。

（4）试安装的预制构件生产后及时组织单元试安装，试安装发现的问题应立即告知预制构件厂，并进行整改完善，避免批量生产有问题的预制构件，见图 11-2。

图 11-2　单元试安装实例

11.2　单元试安装注意事项

单元试安装需注意以下事项：

（1）确定试安装的单元和范围。

（2）依据施工计划内容，列出所有预制构件及部品部件，并确认已经到场。

（3）准备好试安装所需设备、工具、设施、材料、配件等。

（4）组织好试安装的相关人员。

（5）进行试安装前的安全和技术交底。

（6）安排试安装过程的技术数据记录。

（7）测定每个预制构件、部品部件的安装时间和所需人员数量。

（8）判定吊具的合理性、安全性和支撑系统在施工中的可操作性、安全性。

（9）检验所有预制构件之间连接的可靠性，确定各个工序间的衔接。

（10）检验施工方案的合理性、可行性，并通过试安装优化施工方案。

11.3　单元试安装总结与问题整改

通过单元试安装发现施工方案中的不合理之处，结合实际情况优化施工方案。需要工厂配合整改的预制构件存在的问题应及时通知预制构件工厂，例如：

（1）外形尺寸超过允许偏差的问题。

（2）预埋件数量、位置、型号等存在的问题。

（3）套筒或浆锚孔数量、位置、型号、角度等存在的问题。

（4）伸出钢筋位置、尺寸等存在的问题。

（5）饰面材对缝错位的问题。

（6）合理安排预制构件进场顺序的问题。

第12章 预制构件临时支撑

本章介绍竖向预制构件临时支撑作业（12.1）、水平预制构件临时支撑作业（12.2）、悬挑水平预制构件临时支撑作业（12.3）、临时支撑的检查（12.4）及临时支撑的拆除（12.5）。

12.1 竖向预制构件临时支撑作业

竖向预制构件包括柱、墙板、整体飘窗等。竖向预制构件安装后需进行垂直度调整，并进行临时支撑，柱子在底部就位并调整好后，要进行 X 和 Y 两个方向垂直度的调整；墙板就位后也需进行垂直度调整；竖向预制构件的临时支撑通常采用可调斜支撑。

竖向预制构件临时支撑安装流程见图12-1。

图12-1 竖向预制构件临时支撑安装流程图

1. 竖向预制构件临时支撑的一般要求

（1）支撑的上支点宜设置在预制构件高度2/3处。

（2）支撑在地面上的支点，应使斜支撑与地面的水平夹角保持在45°至60°之间，见图12-2。

（3）斜支撑应设计成长度可调节的方式。

（4）每个预制柱斜支撑不少于两个，且须在相邻两个面上支设，见图12-3。

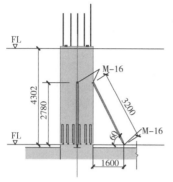

图 12-2　预制柱斜支撑示意图　　　　图 12-3　预制柱斜支撑实例

（5）每块预制墙板通常需要两个斜支撑，见图 12-4 和图 12-5。

图 12-4　预制墙板双斜支撑　　　　图 12-5　预制墙板单斜支撑

（6）预制构件上的支撑点，应在确定方案后提供给预制构件工厂，在预制构件生产时将支撑用的预埋件预埋到预制构件中。

（7）固定竖向预制构件斜支撑的地脚，采用预埋方式时，应在叠合层浇筑前预埋，且应与桁架筋连接在一起，见图12-6和图12-7。

图12-6 叠合层预埋支撑点　　　图12-7 叠合层上的预埋件

（8）加工制作斜支撑的钢管宜采用无缝钢管，要有足够的刚度与强度。

2. 竖向预制构件临时支撑作业要点

（1）固定竖向预制构件斜支撑地脚，采用楼面预埋的方式较好，将预埋件与楼板钢筋网焊接牢固，避免混凝土斜支撑受力将预埋件拔出；如果采用膨胀螺栓固定斜支撑地脚，需要楼面混凝土强度达到20MPa以上，而这样通常会影响工期，所以需要提前加以周密安排。

（2）如果采用楼面预埋地脚埋件来固定斜支撑的一端，要注意预埋位置的准确性，浇筑混凝土时尽量避免将预埋件位置移动，万一发生移动，要及时调整。

（3）在竖向预制构件就位前宜先将斜支撑的一端固定在楼板上，待竖向预制构件就位后可马上抬起另一端，与预制构件连接固定，这样可提高效率。

（4）待竖向预制构件水平及垂直的尺寸调整好后，须将斜支撑调节螺栓用力锁紧，避免在受到外力后发生松动，导致调好的尺寸发生改变。

（5）在校正预制构件垂直度时，应同时调节两侧斜支撑，避免预制构件扭转，产生位移。

（6）吊装前应检查斜支撑的拉伸及可调性，避免在施工作业中进行更换，不得使用脱扣或杆件锈蚀的斜支撑。

（7）在斜支撑两端未连接牢固前，吊装预制构件的索具不能脱钩，以免预制构件倾倒或倾斜。

（8）特殊位置的斜支撑（支撑长度调整后与其他多数支撑长度不一致）宜做好标记，转至上一层使用时可直接就位，从而节约调整时间。

12.2 水平预制构件临时支撑作业

水平预制构件支撑包括楼板（叠合楼板、双T板、SP板等）支撑（图12-8）、楼梯、阳台板支撑（图12-9）、梁支撑（图12-10）、空调板、遮阳板、挑檐板支撑等。水平预制构件在施工过程中会承受较大的临时荷载，因此，水平预制构件临时支撑的质量和安全性就显得非常重要。

图12-8　预制楼板支撑体系

图 12-9　预制阳台板支撑体系

图 12-10　预制梁支撑体系

水平预制构件临时支撑安装流程见图 12-11。

支撑搭设 → 顶部调平 → 支撑锁紧 → 调平检验 → 构件吊装 → 精度复验

图 12-11　水平预制构件临时支撑安装流程图

1. 水平支撑搭设的安全要点

（1）搭设支撑体系时，要严格按照设计图纸的要求进行搭设；如果设计未明确相关要求，需施工单位会同设计单位、预制构件工厂共同做好施工方案，报监理批准方可实施。

（2）搭设前需要对工人进行技术和安全交底。

（3）工人在搭设支撑体系的时候需要佩戴安全防护用品，包括安全帽、安全防砸鞋、反光背心等。

（4）支撑体系搭设完成，且水平预制构件吊装就位后，在浇筑混凝土前，工长需要通知技术总工、质量总监、安全总监、监理及吊装人员参与支撑验收，验收合格，方可进行混凝土浇筑；如果不合格，需要整改并验收合格后再浇筑混凝土。

（5）搭设人员必须是经过考核合格的专业工人，必须持证上岗。

（6）上下爬梯需要搭设稳固，要定期检查，发现问题及时整改。

（7）楼层周边临边防护、电梯井、预留洞口封闭设施需要及时搭设。

（8）楼层内垃圾需要清理干净。支撑拆除后需要及时转运到指定地点。

2. 楼面板独立支撑搭设要点

楼面板的水平临时支撑有两种体系，一种是独立支撑体系，一种是传统满堂红脚手架体系。这里主要介绍独立支撑体系，见图 12-12。

（1）独立支撑搭设时要保证整个体系的稳定性，独立支撑下面的三脚架必须搭设牢固可靠。

（2）独立支撑的间距要严格控制，不得随意加大支撑间距。

（3）要控制好独立支撑离墙体的距离。

（4）独立支撑的标高和轴线定位需要控制好，应按要求

图 12-12 独立支撑体系

支设到位,防止叠合楼板搭设出现高低不平。

(5)顶部 U 形托内木方不可用变形、腐蚀、不平直的材料,且叠合楼板交接处的木方需要搭接。

(6)支撑的立柱套管旋转螺母不允许使用开裂、变形的材料。

(7)支撑的立柱套管不允许使用弯曲、变形和锈蚀的材料。

(8)独立支撑在搭设时的尺寸偏差应符合表 12-1 的规定。

表 12-1 独立支撑尺寸偏差

项目		允许偏差/mm	检验方法
轴线位置		5	钢尺检查
层高垂直度	不大于 5m	6	经纬仪或吊线、钢尺检查
	大于 5m	8	经纬仪或吊线、钢尺检查
相邻两板表面高低差		2	钢尺检查
表面平整度		3	2m 靠尺和塞尺检查

（9）独立支撑的质量标准应符合表 12-2 规定。

表 12-2　独立支撑质量标准

项　目	要　求	抽检数量	检查方法
独立支撑	应有产品质量合格证、质量检验报告	750 根为一批，每批抽取 1 根	检查资料
	独立支撑钢管表面应平整光滑，不应有裂缝、结疤、分层、错位、硬弯、毛刺、压痕、深的划道及严重锈蚀等缺陷；严禁打孔	全数	目测
钢管外径及壁厚	外径允许偏差 ± 0.5mm；壁厚允许偏差 ±10%	3%	游标卡尺测量
扣件螺栓拧紧扭力矩	扣件螺栓拧紧扭力矩值不应小于 40N·m，且不应大于 65N·m		

（10）浇筑混凝土前必须检查立柱下脚三脚架开叉角度是否等边，立柱上下是否对顶紧固、不晃动，立柱上端套管是否设置配套插销，独立支撑是否可靠。浇筑混凝土时必须由模板支设班组设专人看模，随时检查支撑是否变形、松动，并组织及时调整。

（11）层高较高的楼面板水平支撑体系要经过严格的计算，针对水平支撑的步距、水平杆数量、适宜采用独立支撑体系还是满堂红脚手架体系等相关内容制定详细的施工方案，并按施工方案认真执行。

3. 预制梁支撑体系搭设要点

（1）预制梁的支撑体系通常使用盘扣架，立杆步距不大于 1.5m，水平杆步距不大于 1.8m。梁体本身较高的可以使用斜支撑辅助，以防止梁倾倒。

（2）预制梁支撑架体的上方可加设 U 形托板，U 形托板上放置木方、铝梁或方管，安装前将木方、铝梁或方管调至水平；也可直接采用将梁放到水平杆上，采用此种方式搭设时需要将所有水平杆调至同一设计标高。

（3）梁底支撑搭设需牢固无晃动，在保证足够安全和稳定的前提下方可进行吊装。

（4）梁底支撑应与现浇板架体支撑相连接。

（5）其他方面可参考传统满堂红脚手架体系的搭设方法。

12.3 悬挑水平预制构件临时支撑作业

（1）距离悬挑端及支座处 300~500mm 距离各设置一道支撑。

（2）垂直悬挑方向的支撑间距根据预制构件重量等经设计确定，常见的间距为 1~1.5m，见图 12-9。

（3）板式悬挑预制构件下支撑数不得少于 4 个。

（4）特殊情况应另行计算复核后再进行支撑设置。

12.4 临时支撑的检查

在施工中使用的定型工具式支撑、支架等系统时，应首先进行安全验算，安全验算通过后方可使用；使用时要定期或不定期进行检查，以确保其始终处于安全状态。

检查应包含以下项目：

（1）检查支撑杆规格是否与图纸设计一致。

（2）检查支撑杆上下两个螺栓是否扭紧。

（3）检查支撑杆中间调节区定位销是否固定好。

（4）检查支撑体系角度是否正确。

（5）检查斜支撑是否与其他相邻支撑冲突，如有应及时调整。

12.5 临时支撑的拆除

1. 临时支撑拆除的条件

（1）各种预制构件拆除临时支撑的条件应当由设计给出。

（2）行业标准《装配式混凝土结构技术规程》中要求：

1）在预制构件连接部位后浇混凝土及灌浆料的强度达到设计要求后，方可拆除临时固定措施。

2）叠合预制构件在后浇混凝土强度达到设计要求后，方可拆除临时支撑。

（3）在设计没有给出预制构件临时支撑拆除条件的情况下，建议参照《混凝土结构工程施工规范》GB 50666—2011 中"底模拆除时的混凝土强度要求"的标准确定，见表 12-3。

表 12-3　现浇混凝土底模拆除时的混凝土强度要求

预制构件类型	预制构件跨度/m	达到设计混凝土强度等级值的百分率（%）
板	≤2	≥50
	>2，≤8	≥75
	>8	≥100

预制构件类型	预制构件跨度/m	达到设计混凝土强度等级值的百分率（%）
梁、拱、壳	≤8	≥75
	>8	≥100
悬臂结构		≥100

（4）预制柱、预制墙板等竖向预制构件的临时支撑拆除时间，可参照灌浆料制造商的要求来确定拆除时间，如北京建茂公司生产的 CGMJM-VI 型高强灌浆料，要求灌浆后灌浆料同条件试块强度达到 35MPa 后方可进入后续施工（扰动），环境温度在 15℃ 以上时，24h 内预制构件不得受扰动；环境温度在 5～15℃ 时，48h 内预制构件不得受扰动，拆除支撑还要根据设计荷载情况确定。

2. 拆除临时支撑的注意事项

（1）满足拆除条件后方可进行临时支撑的拆除。

（2）拆除支撑前，准备好拆除工具及材料，包括：电动扳手、手动扳手、手锤、木方等。

（3）为保证安全，在拆除长支撑上端时，要准备人字梯，拆除人员站在人字梯上进行拆除作业。

（4）拆除支撑时，需要两人一组进行操作，一人操作，另一人配合。

（5）拆除顺序为：先内侧，后外侧；从一侧向另一侧推进；先高处，后低处。

（6）拆除临时支撑前要对所支撑的预制构件进行检查，确认彻底安全后方可拆除。

（7）临时支撑拆除后，要码放整齐，以方便后续使用。

（8）同一部位的支撑最好放在同一位置，转运至上一层后放在相应位置，以便减少支撑的调整时间，提高支撑的安装效率。

第13章 预制构件安装作业

本章介绍各种预制构件的安装作业，包括：预制构件安装工艺流程（13.1）、预制构件安装操作规程（13.2）、预制构件安装前常规准备事项（13.3）、预制构件安装作业要点（13.4）、预制构件安装精度微调（13.5）、预制构件安装后的成品保护（13.6）。

13.1 预制构件安装工艺流程

预制构件安装作业的基本工序如下：

准备工作→预制构件吊装→预制构件调整及固定→预制构件安装质量检查验收。

预制构件安装作业（以预制柱安装为例）的工艺流程见图13-1。

13.2 预制构件安装操作规程

（1）在被吊装的预制构件上系好定位牵引绳。

（2）在预制构件的吊点进行"挂钩"。

（3）预制构件缓慢起吊，提升到约60cm高，进行观察，如没有异常现象，保证吊索平衡，再继续吊起。

（4）将预制构件吊至比安装作业面高出3m以上，且高出作业面最高设施1m以上高度时再平移预制构件至安装部位上方，然后缓慢下降高度。

（5）预制构件接近安装部位时，安装人员用牵引绳调整预制构件的位置与方向。

（6）预制构件高度接近安装部位约60cm时，安装人员

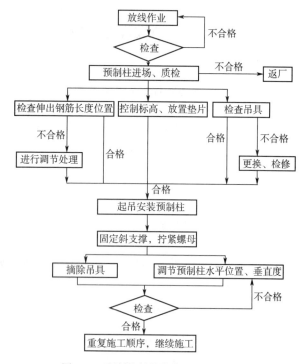

图 13-1　预制构件吊装作业工艺流程图

开始用手扶着预制构件引导就位。

（7）预制构件就位过程中须慢慢下落。柱子和剪力墙板等预制构件的套筒或浆锚孔对准下面构件伸出的钢筋（采用倒插法时，柱子和剪力墙板等预制构件下部的伸出钢筋对准下面构件的套筒或浆锚孔）；楼板、梁等预制构件对准放线弹出的位置或其他定位标识；楼梯板安装孔对准预埋螺母等；预制构件缓慢下降直至平稳就位。

（8）如果预制构件安装位置和标高大于允许误差，要进行微调。

（9）水平预制构件安装后，检查支撑体系的支撑受力状态，对于未受力或受力不平衡的情况进行调整。

（10）柱子、剪力墙板等竖向预制构件和没有横向支承的梁须架立斜支撑，并通过调节斜支撑长度来调节预制构件的垂直度。

（11）检查安装误差是否在允许范围内。

13.3 预制构件安装前常规准备事项

（1）按照吊装方案，对相关人员进行技术、安全交底。

（2）预制构件在安装前应进行检查验收，不合格的预制构件不得安装使用。

（3）检查试用起重机，确认其是否可正常运行。

（4）准备吊装架、吊索等吊具，检查吊具，特别是检查绳索是否破损，吊钩卡索板是否安全可靠。

（5）准备牵引绳等辅助工具和材料。

（6）放线人员进行测量放线，技术和质量负责人对放线进行核验，详见第 10 章。

13.4 预制构件安装作业要点

13.4.1 预制柱安装

1. 安装准备

（1）施工面清理：柱吊装就位之前要将混凝土表面和钢筋表面清理干净，不得有混凝土残渣、油污及灰尘等。

（2）柱标高控制：首先用水平仪按设计要求测量标高，

在柱下面用垫片垫至标高（通常为20mm），设置三点或四点，位置均在距离柱外边缘100mm处。

柱标高也可采用螺栓控制，见图13-2。利用水平仪将螺栓标高测量准确。过高或过低可采用松紧螺栓的方式来控制柱的高度及垂直度。

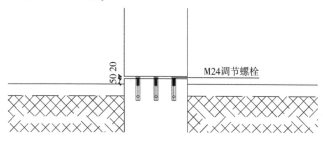

50 20

M24调节螺栓

图13-2 预制柱标高控制螺栓示意图

2. 吊装

（1）柱起吊：根据实际情况选用合适的吊具（详见第5章5.1）将吊具与柱连接紧固。起吊过程中，柱不得与其他构件发生碰撞，柱翻转起吊见图13-3。

（2）柱起立：柱起立之前在柱起立接触的地面部位垫两层橡胶地垫，防止柱起立时对柱角及地面造成破损。

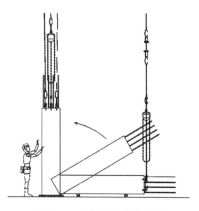

图13-3 柱翻转起吊示意图

（3）用起重机缓缓将柱吊起，待柱的底边升至距地面30cm时略作停顿，再次检查吊挂是否牢固，若有问题必须立即处理。确认无误后，继续提升使之慢慢靠近安装作业面。

（4）在距作业层上方60cm左右略作停顿，施工人员可以手扶柱，控制柱下落方向，待到距预埋钢筋顶部2cm处，柱两侧挂线坠对准地面上的控制线，柱底部套筒位置与地面预埋钢筋位置对准后，将柱缓缓下降，使之平稳就位。柱安装就位示意如图13-4所示。

（5）调节就位

1）安装时由专人负责柱下口定位、对线，调整垂直度。安装第一层柱时，应特别注意质量，使之成为以上各层的基准。

2）柱临时固定：采用可调斜支撑将柱进行固定，柱相邻两个面的支撑通常各设1道，如果柱较宽，可根据实际情况在宽面上采用两道。长支撑的支撑点距离柱底的距离不宜小

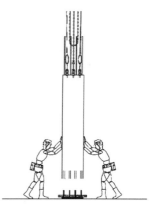

图13-4　柱安装就位示意图

于柱高的2/3，且不应小于柱高的1/2。预制柱安装临时固定见图13-5。

3）柱安装精调采用斜支撑上的可调螺杆进行调节。垂直方向、水平方向均要校正达到规范规定及设计要求。水平位置精度可制作专用调节器来调节，见图13-6。

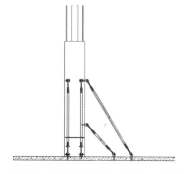

图 13-5 预制柱安装临时固定示意图　　图 13-6　挂钩式调节器

调节器的使用方法：将调节器勾在主筋上，利用扳手紧固螺栓来调整调节板的位置，从而支顶柱直到精确就位为止。

4）柱吊装过程参见图 13-7 所示。

图 13-7　柱吊装过程

13.4.2 预制梁安装

1. 安装准备

（1）起吊梁，根据梁的实际情况选择点式吊具或梁式吊具，吊具与梁要连接紧固，起吊过程中，梁伸出的钢筋不得与其他物体发生碰撞。预制梁吊装见图 13-8 和图 13-9。

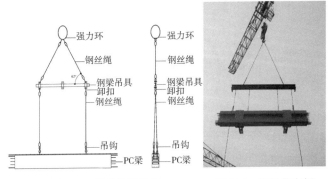

图 13-8　梁吊装示意图　　　　图 13-9　梁吊装实例

（2）预制梁支撑搭设（详见第 12 章 12.2 节）。

2. 吊装

（1）如果梁高度尺寸较大，施工方案需要斜支撑辅助时，梁在制作时便需安装好斜支撑预埋件。

（2）起重机缓缓将梁吊起，待梁的底边升至距地面 30cm 时略作停顿，检查吊挂是否牢固，若有问题必须立即处理，确认无误后，继续提升使之慢慢靠近安装作业面。

（3）待梁靠近作业面上方 30cm 左右，作业人员用手扶住梁，按照位置线使梁慢慢就位。待位置准确后，将梁平稳放在提前准备好的立撑上。如标高有误差可采用调节立撑至预定标高。

（4）梁吊装完毕后，采用可调节斜支撑将梁与地面进行固定，见图 13-10。边梁可在内侧单面采用斜支撑固定。

（5）支撑固定好后，才可进行摘钩。

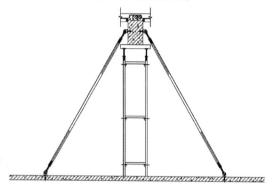

图 13-10　梁固定示意图

13.4.3　柱梁一体化预制构件安装

柱梁一体化预制构件安装步骤：

（1）梁支撑搭设参照第 12 章 12.2 节。

（2）柱底清理参照 13.4.1 节预制柱安装。

（3）标高调整参照 13.4.1 节预制柱安装。

（4）吊装过程参照 13.4.1 节预制柱安装。

13.4.4　预制剪力墙板安装

预制剪力墙板包括预制剪力墙外墙板和预制剪力墙内墙板。

1. 安装准备

（1）施工面清理

剪力墙板吊装就位之前，要将剪力墙板下面的板面和钢筋表面清理干净，不得留有混凝土残渣、油污及灰尘等。

（2）粘贴底部密封条

结合面清理完毕后，无保温的普通剪力墙外墙板，要将合适规格的橡塑海绵条粘贴在墙板底部外侧，以方便后续外墙水平缝打胶，见图 13-11；夹芯保温剪力墙板底部的保温层位置缝隙处要粘贴橡塑海绵胶条，并用铁钉固定，避免胶条移位。橡塑海绵胶条的宽度不宜大于 15mm，最大不超过 20mm，保证墙板的钢筋保护层厚度，高度要高出调平垫片 5mm。

（3）设置剪力墙板标高控制垫片

标高控制垫片设置在剪力墙板下面，每块剪力墙板在两端角部下面通常设置 2 点，位置均在距离剪力墙板外边缘 20mm 处，垫片要提前用水平仪测量好标高，标高以本层板面

图 13-11　粘贴橡塑海绵胶条

的设计结构标高 + 20mm 为准，如果过高或过低可通过增减垫片数量进行调节，直至达到要求为止。

（4）避免碰撞

剪力墙板吊装时，必须使用专用吊具吊运，起吊过程中，剪力墙板不得与摆放架发生碰撞，见图 13-12a。

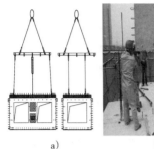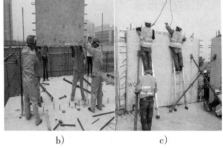

a)   b)   c)

图 13-12   剪力墙板吊运安装

a) 使用专用吊具   b) 安装人员手扶剪力墙板就位

c) 临时支撑固定后，摘除吊钩

2. 吊装

（1）起重机须缓慢将剪力墙板吊起，待剪力墙板的底面升至距地面 60cm 高时略作停顿，检查吊挂是否牢固，若有问题必须立即处理，待确认无问题后，继续提升至安装作业面。

（2）吊装就位

剪力墙板在距安装位置上方 60cm 高左右略作停顿，施工人员可以手扶剪力墙板，控制剪力墙板下落方向，剪力墙板在此缓慢下降，见图 13-12b。待到距预埋钢筋顶部 20mm 处，利用反光镜进行钢筋与套筒的对位，剪力墙板底部套筒位置与地面预埋钢筋位置对准后，将剪力墙板缓慢下降，使之平稳就位。

（3）安装调节

1）剪力墙板安装时，由专人负责用 2m 吊线尺紧靠剪力墙板板面下伸至楼板面进行对线（剪力墙内侧中心线及两侧位置边线），剪力墙板底部准确就位后，安装临时支撑进行固定，摘除吊钩，见图 13-12c。

2）剪力墙板采用可调节斜支撑进行固定，一般情况下每块剪力墙板安装需要双支撑（长、短各一只作为一套配合使用）2道，见图13-13；如使用单支撑，则需要配合七字码，见图13-14。斜支撑有双钩斜支撑和地脚斜支撑两种，目前使用双钩斜支撑的较多。双钩斜支撑需要在楼板上预埋U形埋件。

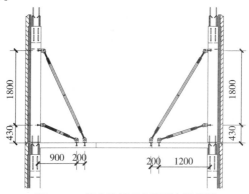

图13-13　剪力墙板双支撑固定示意图

3）剪力墙板安装固定后，通过斜支撑的可调螺杆进行剪力墙板位置和垂直度的精确调整，剪力墙板的里外位置通过调节短支撑螺杆实现，剪力墙板的垂直度通过调节长支撑实现，调节过程要用2m吊线尺进行跟踪检查，

图13-14　剪力墙板单支撑固定示意图

直至剪力墙板的位置及垂直度均校正至允许偏差 2mm 范围之内。剪力墙板安装的位置应以下层外墙面为准。

4）安装固定剪力墙板的斜支撑，必须在本层现浇混凝土达到设计强度后，方可进行拆除。

3. 预制剪力墙板或预制柱套筒倒插法吊装要点

钢筋套筒倒插连接需要将套筒预埋在下层预制构件的上部，上层预制构件下部预留插筋。

（1）楼面混凝土浇筑后，下层预制构件的套筒应高出楼面 10~20mm，在套筒上做标高标记，放线，测量标高、放置好调整墙体标高的垫块。

（2）向套筒内注入足量的灌浆料拌合物。

（3）将上层预制构件吊装到位，构件下部钢筋插入下层预制构件的套筒，灌浆料拌合物会少量溢出，用斜支撑固定预制构件并及时调整预制构件垂直度，固定后再脱钩。

（4）向套筒内注入足够灌浆料拌合物及插入钢筋灌浆料拌合物溢出情况须拍照存档，证明灌浆料拌合物已注满。

（5）预制构件就位并固定后，预制构件与楼面之间有一条垫块高度的接缝，临时支撑已经确保预制构件处于稳定的静定结构，可暂不急于向预制构件下面接缝处灌浆。

（6）进行边缘构件钢筋和模板的施工，安装叠合楼板临时支撑，吊装叠合楼板，浇筑边缘构件和叠合楼面的混凝土。

（7）在预制构件接缝处对夹模板封堵或者采用其他封堵方式封堵后，压力注入灌浆料拌合物。

13.4.5　预制叠合楼板安装

剪力墙结构的叠合楼板或预应力叠合楼板一般情况下或端部或侧边或四边有外伸的钢筋，其具体安装步骤如下：

1. 安装准备

安装前要进行支撑搭设，叠合楼板的支撑可采用三脚架配合独立支撑的支撑体系，也可采用传统满堂红脚手架支撑体系，见图13-15。采用哪种支撑体系要根据设计要求及现场实际情况确定。

图13-15　叠合楼板支撑

2. 吊装

（1）叠合楼板起吊时，要尽可能减小在应力方向因自重产生的弯矩，见图13-16。叠合楼板吊具的选择参照第5章5.4节。

（2）叠合楼板起吊时要先进行试吊，吊起距地60cm停止，检查钢丝绳、吊钩的受力情况，使叠合楼板保持水平状态，然后再吊运至楼层作业面。

（3）就位时叠合楼板要从上垂直向下安装，在作业层上空30cm处略作停

图13-16　叠合楼板吊装

顿，施工人员手扶叠合楼板调整方向，将板边与墙上的安放

位置对准，注意避免叠合楼板上的预留钢筋与墙体钢筋干涉，放下时要停稳慢放，严禁快速猛放，以避免冲击力过大造成板面震裂或折断。

（4）使用撬棍调整叠合楼板位置时，要用小木块垫好保护，不要直接使用撬棍撬动叠合楼板，以避免损坏板的边角，板的位置要保证偏差不大于5mm，接缝宽度应满足设计要求。

（5）叠合楼板安装就位后，采用红外线水平仪进行板底标高和接缝高差的检查及校核，如有偏差可通过调节板下的可调支撑高度进行调整。

（6）叠合楼板安装校正完成后，进行现浇区域的模板支设，并绑扎钢筋及布设水电管线，然后再浇筑现浇区域的混凝土。

13.4.6 预制外挂墙板安装

1. 预制外挂墙板的应用及连接

（1）预制外挂墙板是装配在钢结构（图13-17）或者混凝土结构（图13-18）上的非承重外围护构件。外挂墙板与主体结构的节点通常采用金属连接件连接或螺栓连接。

图13-17　外挂墙板与钢结构　　　图13-18　外挂墙板与混凝土
　　　　　连接节点　　　　　　　　　　结构连接节点

（2）预制外挂墙板与主体结构的连接施工过程中须重视外挂节点的安装质量，保证其可靠性；对于外挂墙板之间的构造"缝隙"，必须进行填缝处理和打胶密封。

（3）图13-19是水平支座固定节点与活动节点的示意图。在外挂墙板上伸出预埋螺栓，楼板底面预埋螺母，用连接件将墙板与楼板连接。通过连接件的孔眼活动空间大小就可以形成固定节点和滑动节点。

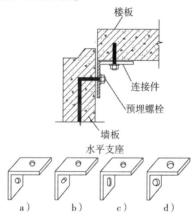

图13-19 外挂墙板水平支座的固定节点与活动节点示意图

（4）图13-20是重力支座的固定节点与活动节点的示意图。在外挂墙板上伸出预埋 L 形钢板，楼板伸出预埋螺栓，通过螺栓形成连接。通过连接件的孔眼活动空间大小就可以形成固定节点和滑动节点。

（5）外墙挂板完工后的整体效果见图13-21。

2. 吊装前的准备与作业

（1）主体结构预埋件应在主体结构施工时按设计要求埋

设；外挂墙板安装前应在施工单位对主体结构和预埋件验收合格的基础上进行复测，对存在的问题应与施工、监理设计单位进行协调解决。主体结构及预埋件施工偏差应满足设计要求。

（2）外挂墙板安装用的连接件及配套材料应进行现场报验，复试合格后方可使用。

（3）根据实际需要，外挂墙板的安装可以使用塔式起重机、轮式起重机、履带式起重机。

（4）外挂墙板安装节点连接部件的准备，如需要的水平牵引，牵引葫芦吊点的设置、工具的准备等。

（5）如果设计是螺栓连接，则需要准备好螺栓、垫片、扳手等工具和材料；如果是焊接连接则需要准备好焊机、焊条等设备和材料。

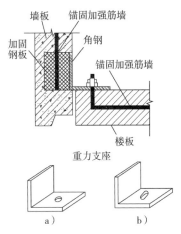

图 13-20 外挂墙板重力支座的固定节点与活动节点示意图

图 13-21 外挂墙板完工后的外观效果

（6）根据施工流水计划在预制构件和对应的楼面位置用记号标出吊装顺序，并且使标注顺序号与图纸上的序号一致，从而方便吊装工作和指挥操作，减少误吊的概率。

（7）测量整层楼面的墙体安装位置总长度和埋件水平间距并绘制成图，如总长有偏差应将其均摊到每面墙的水平位置上，但每面预制墙的水平位移偏差须在±3mm以内。

（8）外挂墙板正式安装前宜根据施工方案要求进行试安装，经过试安装并验收合格后再进行正式安装。

3. 吊装

（1）吊具挂好后，起吊至距地60cm，检查外挂墙板外观质量及吊耳连接无误后方可继续起吊。起吊要求缓慢匀速，保证外挂墙板边缘不被损坏。

（2）将外挂墙板缓慢吊起平稳后再匀速转动吊臂，吊至作业层上方60cm左右时，施工人员扶住外挂墙板，调整外挂墙板位置，缓缓下降外挂墙板。

（3）外挂墙板就位后，将螺栓安装上，先不要拧紧。根据之前控制线，调整外挂墙板的水平、垂直及标高，待调整到允许偏差范围内后将螺栓紧固到设计要求，并非所有螺栓都需要拧紧，活动支座拧紧后会影响节点的活动性，因此将螺栓拧紧到设计要求的程度即可。

（4）外挂墙板的校核与偏差调整应按以下要求进行：

1）外挂墙板侧面中线及板面垂直度的校核，应以中线为主调整。

2）外挂墙板上下校正时，应以竖缝为主调整。

3）外挂墙板接缝应以满足外墙面平整为主，内墙面不平或翘曲时，可在内装饰或内保温层内调整。

4）外挂墙板山墙阳角与相邻板的校正，以阳角为基准调整。

5）外挂墙板拼缝平整的校核，应以楼地面水平线为基准调整。

4. 外挂墙板安装过程中的注意事项

（1）外挂墙板安装就位后应对连接节点进行检查验收，隐藏在墙内的连接点必须在施工过程中及时做好隐蔽检查记录。

（2）外挂墙板均为独立自承重构件，应保证板缝四周为弹性密封构造，安装时，严禁在板缝中放置硬质垫块，避免外挂墙板通过垫块传力造成节点连接破坏。

（3）节点连接处外露铁件均应做防腐处理，对于焊接处镀锌层破坏部位必须涂刷三道防腐涂料防腐，有防火要求的钢构件应采用防火涂料喷涂处理。

13.4.7 预制楼梯安装

1. 施工前准备工作

（1）楼梯的上端通常为铰支座或固定支座，楼梯的下端通常为滑动支座。如果设计要求是滑动支座，用金属垫片等垫平即可，如果不是滑动支座，可用细石混凝土找平后固定。

（2）根据施工图纸，在上下楼梯休息平台板上分别放出楼梯定位线，见图 13-22；同时在梯梁面两端放置找平钢垫片或者硬质塑料垫片，垫片的顶端标高要符合图纸要求。

图 13-22　放出楼梯定位线

（3）在固定支座端，

铺设细石混凝土找平层（通常为长 1200mm，宽 200mm 的楼梯踏步面的尺寸），细石混凝土顶端标高高于垫片顶端标高 5～10mm，确保楼梯就位后与找平层结合密实，见图 13-23。

图 13-23　垫块及细石混凝土找平

　　另一种方法是楼梯垫平就位后，将楼梯与楼梯梁之间的缝隙外侧用干硬性砂浆将缝隙封堵，用自流平细石混凝土灌封。

　　（4）如果有预留插筋的，针对偏位钢筋进行校正。

2. 吊装

　　（1）作业人员通常配置 2 名信号工，楼梯起吊处 1 名，吊装楼层上 1 名，配备 1 名挂钩人员，楼层上配备 2 名安放及固定楼梯人员。

　　（2）用长短绳索吊装楼梯，保证楼梯的起吊角度与就位后的角度一致。为了角度可调也可用两个手拉葫芦代替下侧的两根钢丝绳。

　　（3）由质量负责人核对楼梯型号、尺寸，及对质量进行检查。确认无误后，进行安装。

　　（4）安装工将楼梯挂好锁住，待挂钩人员撤离至安全区域后，由信号工确认楼梯四周安全情况，指挥缓慢起吊，起吊到距离地面 0.6m 左右，起重机起吊装置确定安全后，继续起吊，见图 13-24。

图 13-24　预制楼梯起吊

（5）待楼梯下放至距楼面60cm处，由专业操作工人稳住楼梯，根据水平控制线缓慢下放楼梯，如有预留插筋，应注意将插筋与楼梯的预留孔洞对准后，将楼梯安装就位，见图13-25。

图13-25　预制楼梯就位

（6）楼梯就位后，安装楼梯与墙体之间的连接件，将楼梯固定。当采用螺栓连接固定楼梯时，要根据设计要求控制螺栓的拧紧力。

（7）安装踏步防护板及临时护栏。

13.4.8　预制阳台板、空调板、挑檐板、遮阳板安装

阳台板、空调板、挑檐板、遮阳板等预制构件属于装配式建筑非结构构件，并且都是悬挑构件。其中，预制阳台板和挑檐板属叠合板类预制构件，由叠合层与主体结构连接；预制空调板和遮阳板是非叠合板类预制构件，靠外预留钢筋与主体结构锚固在一起。

1. 预制阳台板、空调板、挑檐板、遮阳板安装需要注意的问题

（1）安装前需对安装时的临时支撑做好专项方案，确保安装临时支撑安全可靠。

（2）保证外留钢筋与后浇节点的锚固质量。

（3）拆除临时支撑前要保证现浇混凝土强度达到设计要求。

（4）施工过程中，严禁在悬挑构件上放置大质量或者质

量不明的重物。

2. 预制阳台板和挑檐板的安装

阳台板和挑檐板的安装类似，下面以阳台板为例介绍一下安装过程，见图 13-26。

图 13-26 阳台板吊装

（1）阳台板属于具有造型的预制构件，所以验收标准更高些，避免因为外形问题而影响后期成型效果。对于偏差尺寸较大的阳台板需进行返厂处理。

（2）阳台板属于悬挑预制构件，支撑架体间距不宜大于 1.2m。吊装前提前将支撑架顶调节至设计标高。

（3）阳台板一般设四个吊点，且根据设计使用不同的吊具进行吊装而有所不同。有万向旋转吊环

图 13-27 万向旋转吊环

（图 13-27）配预埋内螺母和鸭嘴口吊具（图 13-28）配吊钉两种形式。吊装作业前必须检查吊具、吊索是否安全，待检

查无误后方可进行吊装作业。

（4）阳台板安装时必须按照设计要求，保证伸进支座的长度，待初步安装就位后，需要用线锤检查是否与下层阳台对齐一致。

（5）阳台板就位后，将阳台的外留钢筋与墙体的外留主筋焊接加固，避

图13-28　鸭嘴口吊具

免在后浇混凝土时阳台板发生移位。

（6）复查阳台板位置无误后，方可摘除吊具。

3. 预制空调板与遮阳板的安装

空调板与遮阳板体积相对较小，主要靠钢筋的锚固固定构件。吊装时需要注意以下几点：

（1）严格检查外留钢筋的长度、直径是否符合图纸要求。

（2）外留钢筋与主体结构的钢筋应焊接牢固，保证后浇混凝土时不使预制板产生移位。

（3）确保支撑架体稳定可靠，支撑架体提前应做专项方案。

（4）吊装前将架体顶端标高调整至设计要求后方可进行安装。

13.4.9　预制飘窗安装

飘窗是较特殊的一种竖向预制构件，窗口外侧有向外凸出的部分，造成了飘窗整体起吊时不易平衡。在施工安装过

程中需要注意以下几点：

(1) 如果窗户已经安装好，就需要对窗户做好保护措施，比如：在窗框表面套上塑料保护套。考虑到玻璃在施工过程中易碰碎，且较难保护，因此不建议在墙体出厂时将玻璃安装好。

(2) 飘窗运到施工现场存放时要制定好存放方案，一般会采取平放或者立放两种形式。平放时在起吊前需要翻转，立放时需要采取墙体面斜支、凸出面下侧顶支的形式，以确保飘窗稳定，见图13-29。

(3) 飘窗在起吊时，由于有外凸部分（通常≤500mm），导致起吊后墙体不宜垂直，有一定的倾斜角度，但是角度并不大（图13-30），对吊装施工并不会造成影响。

图13-29　飘窗实物　　　　　图13-30　飘窗安装

(4) 吊装过程中，飘窗凸出部位最前端两侧下面各放置一个垫片，通常使用厚度为20～30mm的垫片，避免下落过程中飘窗下端面前端与下层飘窗上端面前端发生磕碰，同时保证在飘窗就位后使整体向内少量倾斜，这样，在调整飘窗垂直度的时候斜支撑调长外顶，要比调短内拉更便于操作，从而避免将地脚预埋件拉出。

（5）在调整飘窗垂直度前，将前端垫片取出。

（6）飘窗在现场竖直存放时应注意，在凸出部位下面加支撑或者垫块，以使之保持平衡稳定。

（7）除了以上需要特别注意的以外，飘窗的安装工艺步骤跟预制外墙板相同。

13.4.10　莲藕梁安装

1. 安装前准备

（1）施工面清理

莲藕梁（图 13-31）吊装就位之前要将莲藕梁下面的柱面清理干净，并设置标高控制螺栓。

图 13-31　莲藕梁示意图

（2）莲藕梁标高控制

标高控制采用在柱吊点上利用高强螺栓调节控制，利用水平尺将螺栓标高测量准确。标高以柱顶面设计标高 20mm 为准，过高或过低可采用松紧螺栓的方式来控制莲藕梁的高度。

（3）柱上部钢筋调整

吊装莲藕梁之前首先将柱上部预留的柱主筋全部调整至

垂直状态。

（4）莲藕梁钢筋位置边线设置

莲藕梁吊装前要在莲藕梁顶面弹出柱主筋边线控制线，用以在注浆之前对主筋的位置进行调整，从而保证下层构件安装时的准确度，见图13-32。

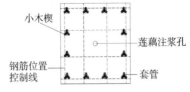

图 13-32　莲藕梁柱主筋控制示意图

2. 吊装

（1）起吊莲藕梁应使用专用吊具与莲藕梁连接紧固，见图13-33。

（2）缓缓将莲藕梁吊起，待莲藕梁的底边升至距地面30cm时略作停顿，再次检查吊挂是否牢固，若有问题必须立即处理。确认无误后，继续提升使之慢慢靠近安装作业面。

（3）在距柱上方60cm处左右略作停顿，施工人员可以手扶莲藕梁，控制莲藕梁下落方向，待到距预埋钢筋顶部2cm处，使其藕孔与预埋钢筋位置对准后，将莲藕梁缓缓下放，使之平稳就位，见图13-34。

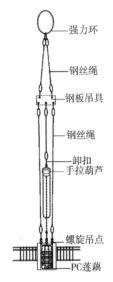

图 13-33　莲藕梁吊装示意图

（4）调节就位。安装时由专人负责下口定位，莲藕梁位置可利用挂钩调节器来调节，调节器放置在与柱相邻两个侧面的角部，可以利用 2m 长靠尺来控制莲藕梁与柱在同一个垂直面上。

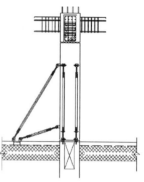

图 13-34　莲藕梁吊装就位示意图

13.4.11　异形或超大构件安装

柱头带一字梁的预制构件是二维预制构件，见图 2-21；柱头带十字梁的预制构件是典型的三维预制构件，见图 2-22；造型复杂的预制构件有：曲面板（图 13-35）等；超长超大预制构件如跨层柱及跨层墙板（图 13-36）、连体柱（图 13-37）及连体梁（图 13-38）等。

图 13-35　曲面板

图 13-36　跨层墙板

对于异形或超大预制构件吊装的工艺及工序可参照水平预制构件及竖向预制构件的相关要求，同时需要注意以下几点：

图 13-37　连体柱

图 13-38　连体梁

（1）预制构件的吊点位置、支撑方案、支撑点以及防止运输过程中损坏的拉接方案等均应由设计单位给出，如果设计未明确，施工企业应会同预制构件制作企业一起做出方案，报监理审核批准后方可制定施工方案。

（2）根据具体情况制定专项吊装方案，并且要经过反复论证以确保吊装安全、吊装精度及吊装质量。

（3）二、三维预制构件及造型复杂的预制构件在确定吊点的时候要经过严格的计算来保证起吊的时候保持预制构件的平衡。如果吊点位置受限，则需要设计专用吊具。

（4）造型复杂的预制构件如果发生重心偏移，则容易造成倾覆。因此，在没有连接牢固前要通过支撑及拉拽的方式将其固定住。

（5）安装异形预制构件时，如果下面需要用垫片调整标高，调整垫片不宜超过 3 个点。如果是超大预制构件，尤其是重量较大的预制构件，应使用钢垫片。

（6）异形或超大预制构件在就位后要及时固定，而且要充分考虑到所有自由度的约束，同时保证所有加固点牢固可靠。

（7）超长超大预制构件本身容易产生挠度，如果是梁、板类预制构件就需要严格按照事先制定好的支撑方案搭设，并且在吊装好后在上面做好警示标志，严禁在其上面放置不明或过重的荷载。

（8）细长的柱类预制构件容易造成折断，因此在翻转、吊立的过程中要避免急速或发生碰撞。

（9）超长、超大预制构件在吊装前要对作业区域进行清理，保证预制构件在作业范围内起吊、就位时不会有异物阻挡。

（10）连体柱及连体梁的钢筋连体部位为薄弱点，在施工过程中要做好加固措施，防止弯曲变形，尤其在柱的起立过程中应注意，起立过程要慢、稳；连体梁在吊装过程中严禁吊装不平衡导致在其连体部位产生挠度。

13.5 预制构件安装精度微调

1. 平整度的调整

（1）每个楼层设置有标高控制点，在该楼层柱上放出 500mm 标高线，利用 500mm 在楼面进行墙板标高抄平及控制，利用不同厚度的垫片调整标高，直到调整到设计标高为止。

（2）调整标高的垫片要放置在平整坚实的楼面上。如果楼面已经过凿毛处理，则需要将放置垫片的凸凹位置处理平整。

2. 水平位置调整

水平位置调整以预制构件的轴线为基准，两侧共同分担偏差。不到位的情况可以采用专用水平微调工具，如图 13-7 所示。或者用撬棍小心撬动，撬动时要用角钢保护预制构件角部。

3. 垂直度的调整

垂直度调整时多采用水平尺靠住前面，通过调整斜支撑来调整垂直度，调整到位后再将斜支撑固定。

13.6 预制构件安装后的成品保护

装配式建筑和现浇混凝土建筑有所不同，现浇混凝土建筑一般是主体结构施工完成后才开始进行外墙保温、抹灰、门窗安装、装修等后续施工，交叉作业内容相对少，保护点少，且相对容易保护。装配式建筑很多部品部件是预制的，在运输及施工安装过程中发生破坏和污染的概率较高，且不容易修复。尤其是装饰保温一体化外墙板、楼梯等免抹灰预制构件更要注意成品保护。另外，结构、外围护、设备管线、内装四个系统集成作业，而且是时间跨度很近的流水作业甚至交叉作业，因此，成品保护就显得尤为重要，保护不好会造成返工，甚至造成不可弥补的缺陷。

1. 预制构件成品保护要点

关于成品保护，国家标准《装配式混凝土建筑技术标准》（GB 51231—2016）中对于成品保护有明确的规定：

（1）交叉作业时，应做好工序交接，做好已完部位移交单，各工种之间明确责任主体，不得对已完成工序的成品、半成品造成破坏。

（2）在装配式混凝土建筑施工全过程中，应采取防止预制构件、部品及预制构件上的建筑附件、预埋件、预埋吊件等损伤或污染的保护措施。

（3）预制构件饰面砖、石材、涂刷、门窗等处宜采用贴膜保护或其他专业材料保护。安装完成后，门窗框应采用槽型木框保护。饰面砖保护应选用不褪色或无污染的材料，以防揭膜后饰面砖表面被污染。

（4）连接止水条、高低口、墙体转角等薄弱部位，应采用定型保护垫块或专用式套件作加强保护。

（5）预制楼梯饰面宜采用铺设模板或其他覆盖形式的成品保护措施。预制楼梯安装后，踏步口宜铺设木条或其他覆盖形式保护。

（6）遇有大风、大雨、大雪等恶劣天气时，应采取有效措施对存放的预制构件成品进行保护。

（7）装配式混凝土建筑的预制构件和部品在安装施工过程、施工完成后，不应受到施工机具的碰撞。

（8）施工梯架、工程用的物料等不得支撑、顶压或斜靠在部品上。

（9）当进行混凝土地面等施工时，应防止物料污染、损坏预制构件和部品表面。

（10）在施工过程中还应注意下列几个问题：

1）在预制构件存放阶段，要有专门的存放架体；预制墙体竖向存放，下部必须有木方垫底，预制构件不能直接和地面接触。预制墙体之间一定要留有足够的安全距离，防止吊装时相互磕碰。

2）预制叠合楼板、预制空调板等易被压裂的预制构件，要控制叠放的层数和存放的高度。

3）安装使用的撬棍，端部要有相应的防护措施（如套硬质橡胶管），或者对被撬部位提前加保护，避免撬棍直接接触预制构件，防止预制构件就位过程中造成损坏。

4）灌浆过程中注意对预制构件的保护，防止污染预制构件。

（11）由于装配式建筑宜集成化和全装修，因此，还要对其他装配式建筑部品部件，如整体式收纳、集成式卫生间、集成式厨房、轻质内隔墙、吊顶架空等环节部位的成品进行保护。

2. 预制构件易损、易污部位防范措施

预制构件在施工过程中容易造成损坏和污染的部位、环节及其防范措施见表 13-1。

表 13-1　预制构件易损、易污染部位、环节及其防范措施一览表

构件种类	易损、易污染部位	造成损坏、污染环节	防范措施
预制柱	预制柱阳角	装车、运输、安装环节	成品出厂前做好护角
预制梁	预制梁阳角	装车、运输、安装环节	成品出厂前做好护角
预制楼梯	预制楼梯踏步阳角	安装环节、安装后作为施工临时楼梯环节	（1）预制楼梯踏步可使用专用塑料防护或使用模板防护（2）吊装时避免与楼梯间墙壁的磕碰

构件种类	易损、易污染部位	造成损坏、污染环节	防范措施
预制飘窗	预制飘窗外挑部位及四周角部	安装环节、临时外架环节、搭设及拆除环节、后浇混凝土模板拆除环节、灌浆环节	（1）要求工人精细施工，禁止磕碰 （2）灌浆时禁止灌浆料污染墙面
预制阳台	预制阳台转角、与后浇混凝土接触部位	安装环节、混凝土浇筑环节、临时架体拆除环节、阳台封闭环节	（1）安装环节，施工人员观察好作业空间，控制好吊车速度 （2）架体拆除时，严禁支撑与阳台之间的磕碰
预制墙板	预制墙板表面易污染、四角易损坏	安装环节、后浇模板支设环节、模板拆除环节、灌浆环节	（1）预制墙板安装时，要控制好速度及角度，两块墙板距离较近时，宜用厚度适宜的模板作垫隔 （2）出厂前宜用塑料薄膜包裹 （3）模板的支设及拆除时要减少敲击

第14章　预制构件修补与表面处理

本章介绍预制构件修补（14.1）和预制构件表面处理（14.2）。

14.1　预制构件修补

预制构件在现场安装作业过程中，不可避免会出现轻微破损、掉角及裂缝等质量问题（图 14-1），经设计、监理等有关人员判定可以修补的，可按照修补方案的要求和方法进行修补，修补后进行检查验收，确认合格方可进行下道工序的施工作业。

图 14-1　预制构件破损、掉角

14.1.1　确定修补方案

应根据质量问题的类型及严重程度确定修补方案，对于常见质量问题修补方案的确定，可参考表 14-1。

表 14-1　常见质量问题修补方案的确定

问题类型	严重程度		
	轻微	一般	严重
棱角破损	用修补砂浆修补	修补砂浆多次修补	植筋后用同等级或高一等级的混凝土修补,再进行表面处理
裂缝	表面水泥浆覆盖	针注环氧树脂	开 V 形槽,用树脂或微膨胀混凝土修补
饰面材料损坏	修补胶泥调色修补	凿除饰面材料重新铺贴	

14.1.2　修补前的准备

修补前,应根据确定的修补方案准备所需的修补材料、修补工具,并进行修补现场准备。

1. 常用的修补材料

常用的修补材料有:环氧树脂、微膨胀水泥、修补砂浆、修补胶泥、色粉、混凝土、普通水泥、白水泥、修补胶水、聚合物水泥砂浆、饰面材料修补胶、界面结合剂等。

2. 常用的修补工具

常用的修补工具有:钢抹子、切割机、水泥桶、锤子、凿子、砂纸、擦布、注树脂的针筒、橡胶锤、勾缝刀、打磨机、铝合金方管等。

3. 修补现场准备

(1) 清理待修补的部位,凿除松碎部分混凝土,吹净浮灰。

(2) 对修补部位进行湿润、覆盖,有必要的可涂刷界面结合剂。

（3）视施工需要搭设工作台或临时架。

14.1.3　修补方法

对一般或严重质量问题，可参照下列方法进行修补。

1. 棱角破损修补方法

（1）修补料配置

棱角破损的修补料一般有两种，一种是采购专用修补料，一种是自制修补料。

自制修补料是根据实际情况配制的不同强度的修补砂浆，通常采用与预制构件混凝土相同的水泥配制砂浆，砂浆配比为水泥∶中砂∶混凝土修补胶∶水 = 1∶2.5∶0.4∶0.2（仅供参考），必要时可掺加减水剂及降低水灰比，以确保聚合物砂浆强度等各项性能满足要求。

（2）修补方法

1）将棱角处已松动的混凝土凿去，并用毛刷将灰尘清理干净，于修补前用水湿润表面，待其干后刷上修补胶。

2）按刮腻子的方法，将修补砂浆用钢抹子压入破损处，随即刮平至满足外观要求。在棱角部位用靠尺将棱角取直，确保外观一致，见图 14-2。

图 14-2　棱角边线用靠尺取直修补

3）表面凝结后用细砂纸打磨平整，边角线条应平直。

4）如缺角的厚度超过40mm时，要在缺角截面上植入钢筋或打入胀栓，并分两次填补平整，再进行表面处理使表面满足要求。

2. 裂缝的修补方法

对于预制构件表面轻微的浅表裂缝，可采用表面抹水泥浆或涂环氧树脂的表面封闭法处理，对于缝宽不小于0.3mm的贯穿或非贯穿裂缝，可参考下面的方法进行修补。

（1）修补前，应对裂缝处混凝土表面进行预处理，除去基层表面上的浮灰、水泥浮浆、返碱、油渍和污垢等污染附着物，并用水冲洗干净；对于表面上的凸起、疙瘩以及起壳、分层等疏松部位，应将其铲除，并用水冲洗干净，等待至面干。

（2）深度未及钢筋的局部裂缝，可向裂缝注入水泥净浆或环氧树脂，嵌实后覆盖养护；如裂缝较多，清洗裂缝待干燥后涂刷两遍环氧树脂进行表面封闭。

（3）对于缝宽大于0.3mm的较深或贯穿裂缝，可采用环氧树脂注浆后表面再加刷建筑胶黏剂进行封闭；或者采用开V形槽的修补方法，具体步骤如下：

1）将裂缝部位凿出V形槽，深及裂缝最底部，并清理干净，见图14-3。

图 14-3　开 V 形槽

2）按环氧树脂：聚硫橡胶：水泥：砂 = 10：3：12.5：28 的比例配置修补砂浆（仅供参考），必要时可用适量丙酮调节砂浆的稠度。

3）修补部位表面刷界面结合剂或修补黏胶后将修补砂浆填入 V 形槽中，压实。

4）对修补部位覆盖养护，完全初凝后可洒水湿润养护。

5）待修补部位强度达到 5MPa 或以上时，再进行表面修饰处理。

3. 清水混凝土、装饰混凝土预制构件的表面修补方法

修补用砂浆应与预制构件颜色严格一致，修补砂浆终凝后，应当采用砂纸或抛光机进行打磨，保证修补痕迹在 2m 远处用肉眼无法分辨。

4. 有饰面材的预制构件的修补方法

有饰面材的预制构件的表面如果出现破损，修补就比较困难，而且不容易达到原来的效果。因此，最好的办法就是加强成品保护。万一出现破损，可以按下列方法进行修补。

（1）石材修补

可以按照表 14-2 的方法进行石材的修补。

表 14-2　石材的修补方法

石材掉角	发生石材掉角时，需与业主、监理等协商之后再决定处置方案 修补方法应遵照下列要点：黏结剂（环氧树脂系）：硬化剂 = 100：1（并按修补部位的颜色适量加入色粉）；以上填充材料搅拌均匀后涂入石材的损伤部位，硬化后用刀片切修
石材开裂	石材的开裂原则上要重新更换，但实施前应与业主、监理等协商并得到认可后方可执行

（2）瓷砖更换及修补

1）瓷砖更换的标准。当瓷砖达到表14-3规定时要进行瓷砖的更换。

表14-3　需要更换的瓷砖的标准

弯曲	大于2mm
下沉	大于1mm
缺角	大于5mm×5mm以上
裂纹	对于出现裂纹的瓷砖，要和业主、监理等协商确定后再施工

2）瓷砖的更换方法（瓷砖换贴处应在记录图纸上进行标记）

①将更换瓷砖周围切开，并清洁破断面，用钢丝刷刷掉碎屑，再仔细清洗。用刀把瓷砖缝中的多余部分除去，尽量不要出现凹凸不平的情况。

②在破断面上使用速效胶黏剂粘贴瓷砖，更换的瓷砖要在其背面及断面两面抹填速效胶黏剂，涂层厚不宜超过5mm，施工时要防止出现空隙。

③速效胶黏剂硬化后，格缝部位用砂浆勾缝。缝的颜色及深度要和原缝隙部位吻合。

3）掉角瓷砖的修补。对于不大于5mm×5mm的掉角瓷砖，在业主、监理同意修补的前提下，可用环氧树脂修补剂及指定涂料进行修补。

14.1.4　修补后的养护

修补后的养护对修补质量至关重要，预制构件修补后须根据实际情况采用不同的方式对修补部位进行养护，条件允许时应覆盖湿润的土工布养护至与原混凝土颜色基本一致，条件不允许时可采用常规的覆盖保湿养护，以下方法可供参考：

（1）表面喷涂养护剂。

（2）淋湿预制构件后用塑料薄膜贴面，以减少水分蒸发。

（3）对于立面位置，可以用塑料薄膜将用水浸泡后的海绵粘贴在修补部位以保湿养护。

14.1.5　修补后的检查

预制构件修补完成后，应对修补质量进行验收。

（1）修补部位的强度必须达到预制构件的设计强度。

（2）修补部位结合面应结合牢固，无渗漏，表面无开裂等现象。

（3）修补部位表面要求应与原混凝土一致，与原混凝土无明显色差。

（4）修补部位边线应平直，修补面与原混凝土面无明显高差。

14.2　预制构件表面处理

因现场存放和吊装过程中成品保护不善，导致预制构件表面污染、预制构件与预制构件之间的色差过大，或者需要实现某些功能等，就需要对预制构件进行表面处理。

预制构件安装好后，表面处理可在"吊篮"上作业，应自上而下进行。

1.　清水混凝土预制构件的表面处理

（1）清水混凝土预制构件表面清污作业

1）擦去浮灰。

2）有油污的地方可采用清水或5%的磷酸溶液进行清洗。

3）用干抹布将清洗部位表面擦干，观察清洗效果。

4）进行表面处理作业时防止清洗用水，特别是磷酸溶液流淌污染到建筑表面。

（2）清水混凝土预制构件涂刷保护剂

如果需要，可以在清水混凝土预制构件表面涂刷混凝土保护剂，见图14-4。保护剂的涂刷是为了增加自洁性，减少污染。保护剂要选择效果好的产品，保修期尽量长一些。保护剂涂刷要均匀，使保护剂能渗透到被保护混凝土的表面。

图14-4 清水混凝土预制构件保护剂涂刷前后的效果

1）保护剂选用：清水混凝土预制构件的混凝土保护剂通常选用水性氟碳着色透明涂料，水性氟碳着色透明涂料涂膜层透气性好，材料稳定性、耐久性好。其中底层漆采用硅烷系，主要作用为封闭混凝土气孔，抗返碱；面层漆采用水性氟碳着色，具有良好的透气性，主要起到耐久、憎水、防污的作用。

2）保护剂施工工艺流程：

基层清理→颜色调整→底层漆滚涂→面漆滚涂→成品保护

3）涂刷保护剂的关键工序施工工艺见表 14-4。

表 14-4　清水混凝土预制构件涂刷保护剂的关键工序施工工艺

工作内容	材料/工具	施工/涂装方法	次数	时间间隔
基层清理	160# ~ 240# 砂纸，洁净的无纺布，刮刀，切割机等	去除附在混凝土表面的物质（浮土、未固化的水泥、水泥流淌印痕等），凸出的钢筋及所有残留在墙体上的金属物件	1 ~ 2	—
除去墙面的残留物	稀释剂，砂纸	用稀释剂除去油污，使之分解并挥发，必要时可用砂纸打磨消除	1	
清洗墙面	水枪，抹布，酸性洗涤剂（草酸除锈，氨基磺酸去除模板斑痕，但必须经过稀释），中性洗涤剂	先用中性洗涤剂清洗（必要时采用稀释后的酸性洗涤剂），去除模板斑痕、油污、泥土、锈斑等，然后高压清水冲洗墙面，直至完全干净	1 ~ 2	—
墙面清理，保护	砂纸、干布，胶带、塑料布	用砂纸磨平，干抹布擦净，必要时用高压水冲洗。在修补、清理后到上涂料前，把容易脏的地方用塑料布盖起保护	1	—

工作内容	材料/工具	施工/涂装方法	次数	时间间隔
保护/遮盖	塑料布，胶带等	如施工周期超过3天，则需对清理完成的墙面进行保护，并对不需要涂刷保护剂的部位进行遮挡（如窗、门、玻璃）等	—	—
底层涂料	专用水性渗透型底层涂料	滚子/刷子，全面滚涂覆盖墙面，无遗漏。（局部滚子无法滚到的部位采用刷子刷涂或者喷枪喷涂）	1	30min
面层涂料	专用水性透气型面层涂料	滚子/刷子，全面滚涂覆盖墙面，无遗漏。（局部滚子无法滚到的部位采用刷子刷涂或者喷枪喷涂）	1	3h以上
清洁现场成品保护		清理现场，使其整洁、干净，并指派专人进行成品保护	—	—

2. 装饰混凝土预制构件的表面处理

（1）用清水冲洗预制构件表面。

（2）用刷子均匀地将稀释的盐酸溶液（浓度低于5%）涂刷到预制构件表面。

（3）涂刷10分钟后，用清水把盐酸溶液擦洗干净。

（4）如果需要，干燥以后，可以涂刷防护剂。

（5）进行表面处理作业时防止清洗用水，特别是盐酸溶液流淌污染下层或旁边的墙面。

3. 饰面材预制构件的表面处理

饰面材预制构件包括石材反打预制构件、装饰面砖反打预制构件等。饰面材预制构件表面清洁通常使用清水清洗，清水无法清洗干净的情况下，再用低浓度磷酸清洗。清洗时应防止对建筑物墙面造成污染。

第 15 章 预制构件安装接缝处理

本章介绍预制构件安装接缝处理，包括预制构件接缝类型及构造（15.1）、接缝防水处理要点（15.2）以及接缝防火处理要点（15.3）。

15.1 预制构件接缝类型及构造

装配式混凝土建筑预制构件构造接缝有以下几种：

（1）夹芯保温剪力墙板的外墙构造接缝。

（2）无保温外墙构造接缝。

（3）建筑的变形缝。

（4）框架结构和筒体结构外挂墙板间的构造接缝。

（5）无外挂墙板框架结构梁柱间的构造接缝，见图15-1。

图 15-1 无外挂墙板框架结构（目前世界最高的
装配式混凝土建筑）

1．夹芯保温剪力墙外墙接缝

（1）夹芯保温剪力墙板外叶板的水平缝节点

夹芯保温剪力墙板的内叶板是通过套筒灌浆或浆锚搭接的方式与后浇梁实现连接的，外叶板有水平接缝，其构造见图15-2。

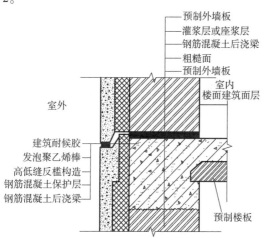

图15-2　夹芯保温剪力墙外叶板水平缝构造示意

（2）夹芯保温剪力墙板外叶板的竖缝节点

夹芯保温剪力墙外叶板的竖缝一般在后浇混凝土区。夹芯保温剪力墙的保温层与外叶板外延，以遮挡后浇区，同时也作为后浇区混凝土的外模板，见图15-3。

（3）L形后浇段构造接缝

带转角PCF板剪力墙转角处为后浇区，表皮与上述墙板一样，接缝构造见图15-4。

（4）夹芯保温剪力墙转角处的构造接缝见图15-5。

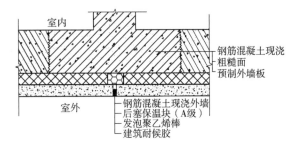

图 15-3 夹芯保温剪力墙外叶板竖缝构造示意

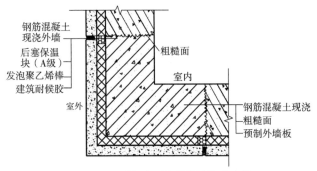

图 15-4 L 形竖向后浇段接缝构造示意

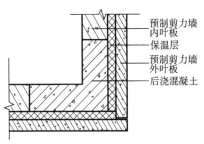

图 15-5 转角处构造示意

2. 无保温层或外墙内保温的构件构造接缝

建筑表面为清水混凝土或涂漆时，连接节点的灌浆部位通常做成凹缝，构造见图 15-6。为保证接缝处受力钢筋的保护层厚度，灌浆前用橡胶条塞入接缝处堵缝，灌浆后取出橡胶条，接缝处形成凹缝。

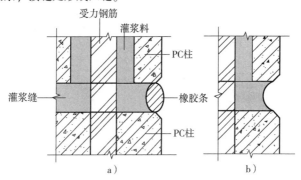

图 15-6 灌浆料部位凹缝构造示意

a）灌浆时用橡胶条临时堵缝 b）灌浆后取出橡胶条效果

3. 建筑的变形缝

建筑的变形缝构造见图 15-7。

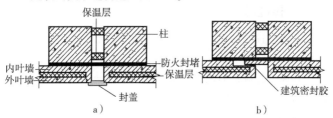

图 15-7 变形缝构造示意

a）封盖式 b）PC 板悬臂式

4.框架结构和筒体结构外挂墙板间的构造接缝

在混凝土柱、梁结构及钢结构中，外挂墙板作为外围护结构的应用很多。外挂墙板的接缝有以下3种类型：

（1）无保温外挂墙板接缝构造见图15-8。

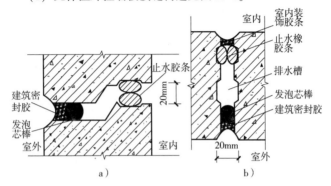

图15-8　无保温外挂墙板接缝构造示意
a）水平缝　b）竖向缝

（2）夹芯保温板接缝构造有两种，见图15-9。

（3）夹芯保温板外叶板端部封头构造见图15-10。

15.2　接缝防水处理要点

下面以预制外挂墙板为例介绍接缝防水处理的要点，其他构造的接缝防水处理可参照进行。

预制外挂墙板的板缝，室内外是相通的，对于板缝的保温、防水性能要求很高，在施工过程中要足够重视。同时外墙挂板之间禁止传力，所以板缝控制及密封胶的选择非常关键。

（1）严格按照设计图纸要求进行板缝的施工，制定专项

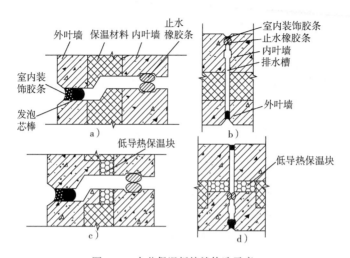

图 15-9 夹芯保温板接缝构造示意

a) 水平缝 b) 竖直缝 c) 水平缝 d) 竖直缝

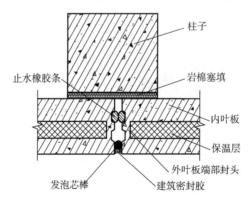

图 15-10 夹芯保温板外叶板端部封头构造示意

方案，报监理批准后认真执行。

（2）预制外挂墙板接缝通常设置三道防水措施，第一道为密封胶防水；第二道采用构造防水；第三道为气密防水（止水胶条）。施工过程中应严格按照规范及设计要求进行防水封堵作业。

（3）外挂墙板接缝的气密条（止水胶条）应在安装前粘接到外挂墙板上，止水胶条要粘贴牢固。

（4）止水胶条须是空心的，除了密封性能好、耐久性好外，还应当有较好的弹性，压缩率高。

（5）外挂墙板安装过程中要做到操作精细，防止构造防水部位受到磕碰，一旦产生磕碰应立即进行修补。

（6）外挂墙板是自承重预制构件，不能通过板缝之间进行传力，在施工时要保证外挂墙板四周空腔内不得混入硬质杂物。

（7）打胶前应先修整接缝，清除垃圾和浮灰，见图 15-11。打胶缝两侧须粘贴美纹纸，以防止污染墙面。

图 15-11　板缝清理示意图

（8）建筑防水密封胶应与混凝土有良好的黏性，还要具有耐候性、较好的弹性、压缩率要高，同时还要考虑密封胶的可涂装性和环保性，国内通常采用 MS 胶。

（9）密封胶应填充饱满、平整、均匀、顺直、表面平滑，厚度符合设计要求，不得有裂缝现象，宜使用专用工具进行打胶，见图 15-12 和图 15-13，保证胶缝美观。

图 15-12　打胶专用胶枪

图 15-13　打胶专用橡皮刮刀及铁铲刀

（10）打胶前准备工作参见图 15-14；打胶作业程序参见图 15-15。

①安全施工 衣服/装备确认

②材料确认（基材，硬化剂，色包）

③投料（全量，小量严禁）

④搅拌机设定15分钟→搅拌

⑥伸入刮刀（调整未充分搅拌材料）

⑦卸下搅拌桨

⑧向地上敲击2回
※除去材料中混入的空气

搅拌时间为15分钟
严禁和材料分开搅拌！

图 15-14　打胶前准备工作示意图

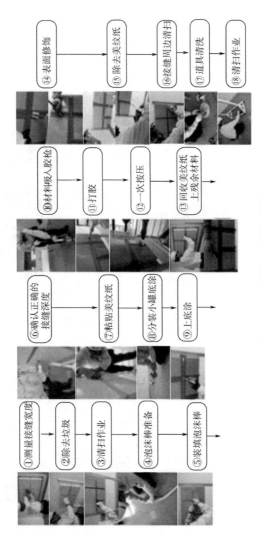

①测量接缝宽度 → ②除去垃圾 → ③清扫作业 → ④泡沫棒准备 → ⑤装填泡沫棒

⑥确认正确的接缝深度 → ⑦粘贴美纹纸 → ⑧分装小罐底涂 → ⑨上底涂

⑩材料吸入胶枪 → ⑪打胶 → ⑫一次按压 → ⑬回收美纹纸上残余材料

⑭表面修饰 → ⑮除去美纹纸 → ⑯接缝周边清扫 → ⑰道具清洗 → ⑱清扫作业

图15-15 打胶作业程序示意图

（11）打胶作业完成后，应将接缝周边、打胶用具及作业现场清理干净。

（12）接缝防水封堵作业完成后应在外墙外侧做淋水、喷水试验，并在外墙内侧观察有无渗漏。

15.3 接缝防火处理要点

1. 接缝防火处理要点

有防火及保温要求的构造缝隙需要封堵防火及保温材料，应根据设计要求选择封堵材料，封堵须密实，保证保温效果，防止冷桥产生，同时还要满足防火要求。

（1）构造缝隙防火处理必须严格按照设计要求保证接缝的宽度。

（2）构造缝隙封堵保温材料的边缘须使用 A 级防火保温材料，并按设计要求封堵密实。

（3）封堵材料在构造缝隙中的塞填深度要达到图纸设计要求，并保证塞填的材料饱满密实。

（4）构造缝隙边缘要用弹性嵌缝材料封堵，弹性嵌缝材料应符合设计要求。

2. 预制外墙板防火构造部位及封堵方式

预制外墙板防火构造的部位主要是：有防火要求的板与板之间缝隙、层间缝隙和板柱之间缝隙。

接缝防火构造是在接缝处塞填防火材料，塞填防火材料的长度与耐火极限的要求和缝的宽度有关，施工时要根据设计要求塞填。

（1）板与板之间缝隙防火构造及封堵方式

板与板之间缝隙是指两块预制墙板之间的缝隙，该缝隙防火构造及封堵方式参见图 15-16。

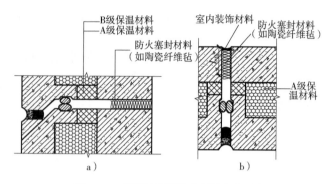

图 15-16　预制墙板缝防火封堵方式示意

a) 水平缝　b) 竖直缝

（2）层间缝隙防火构造及封堵方式

层间缝隙是指预制墙板与楼板或梁之间的缝隙，该缝隙防火构造及封堵方式参见图 15-17。

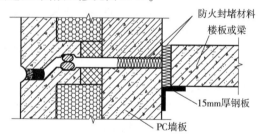

图 15-17　层间缝隙防火封堵方式示意

（3）板柱（或内墙）缝隙防火构造及封堵方式

板柱（或内墙）缝隙是指预制墙板与柱（或内墙）之间的缝隙，该缝隙防火构造及封堵方式参见图 15-18。

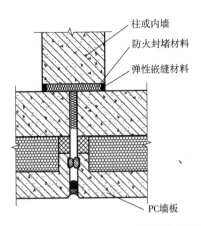

柱或内墙

防火封堵材料

弹性嵌缝材料

PC墙板

图 15-18　板柱（或内墙）缝隙防火封堵方式示意

第16章 预制构件安装质量验收

本章介绍预制构件安装质量验收相关内容,包括:预制构件安装的允许偏差(16.1)、预制构件安装的外观检查(16.2)、预制构件安装的验收程序与资料交付(16.3)、预制构件安装的常见质量问题及控制要点(16.4)。

16.1 预制构件安装的允许偏差

装配式混凝土结构预制构件安装允许的偏差应符合设计要求,并应符合表16-1的规定。

表 16-1 装配式混凝土结构尺寸允许偏差及检验方法

项目			允许偏差/mm	检验方法
构件中心线对轴线位置	基础		15	尺量检查
	竖向构件(柱、墙、桁架)		10	
	水平构件(梁、板)		5	
构件标高	梁、柱、墙、板底面或顶面		±5	水准仪或尺量检查
构件垂直度	柱、墙	<5m	5	经纬仪或全站仪量测
		≥5m 且<10m	10	
		≥10m	20	
构件倾斜度	梁、桁架		5	垂线、钢尺量测
相邻构件平整度	板端面		5	钢尺、塞尺量测
	梁、板底面	抹灰	5	
		不抹灰	3	
	柱	外露	5	
	墙侧面	不外露	10	

（续）

项目		允许偏差/mm	检验方法
构件搁置长度	梁、板	±10	尺量检查
支座、支垫中心位置	板、梁、柱、墙、桁架	10	尺量检查
墙板接缝	宽度	±5	尺量检查
	中心线位置		

16.2 预制构件安装的外观检查

预制构件安装后的外观检查，主要是检查安装过程中对预制构件造成的破损、污染以及拼缝处理情况。主要检查项目及检查标准参见表 16-2。

表 16-2 预制构件外观检查项目及标准

序号	检查项目		检查标准
1	破损	磕碰掉角	不应出现
		裂缝	
		装饰层损坏	
		棱角破损	
2	表面污染	被混凝土污染	不应出现
		被灌浆料污染	
		打胶过程污染	
		装饰层被污染	
		被油污等污染	

（续）

序号	检查项目		检查标准
3	拼缝处理	平整度	偏差控制在 5mm 以内
		拼缝上下间距	
		错缝现象	
4	其他缺陷	影响使用功能的缺陷	不应出现
		明显色差	

16.3　预制构件安装验收程序与资料交付

工程验收需要提供文件与记录，以保证工程质量实现可追溯性的基本要求。国家标准、行业标准以及地方标准对预制构件安装验收应提供的文件和记录做出了相关规定。

16.3.1　《混凝土结构工程施工质量验收规范》规定的文件与记录

国家标准《混凝土结构工程施工质量验收规范》GB 50204—2015 规定验收需要提供的文件与记录包括：

（1）设计变更文件。

（2）原材料质量证明文件和抽样复检报告。

（3）预拌混凝土的质量证明文件和抽样复检报告。

（4）钢筋接头的试验报告。

（5）混凝土工程施工记录。

（6）混凝土试件的试验报告。

（7）预制构件的质量证明文件和安装验收记录。

（8）预应力筋用锚具、连接器的质量证明文件和抽样复检报告。

（9）预应力筋安装、张拉及灌浆记录。

（10）隐蔽工程验收记录。

（11）分项工程验收记录。

（12）结构实体验收记录。

（13）工程重大质量问题的处理方案和验收记录。

（14）其他必要的文件和记录。

16.3.2 《装配式混凝土结构技术规程》列出的文件与记录

行业标准《装配式混凝土结构技术规程》JGJ 1—2014列出的文件与记录包括：

（1）工程设计文件、预制构件制作和安装的深化设计图。

（2）预制构件、主要材料及配件的质量证明文件、现场验收记录、抽样复检报告。

（3）预制构件安装施工记录。

（4）钢筋套筒灌浆、浆锚搭接连接的施工检验记录。

（5）后浇混凝土部位的隐蔽工程检查验收文件。

（6）后浇混凝土、灌浆料、坐浆材料强度检测报告。

（7）外墙防水施工质量检验记录。

（8）装配式结构分项工程质量验收文件。

（9）装配式工程的重大质量问题的处理方案和验收记录。

（10）装配式工程的其他文件和记录。

16.3.3 其他工程验收文件与记录

在装配式混凝土结构工程中，灌浆作业是最重要、最核心的环节，辽宁省地方标准《装配式混凝土结构构件制作、施工与验收规程》DB21/T 2568—2016 特别规定：钢筋连接套筒、水平拼缝部位灌浆施工全过程记录文件（含影像资料）。

16.3.4 预制构件制作企业需提供的文件与记录

辽宁省地方标准《装配式混凝土结构构件制作、施工与验收规程》DB21/T 2568—2016 列出了 10 项文件与记录，可供参考。

（1）经原设计单位确认的预制构件深化设计图、变更记录。

（2）钢筋套筒灌浆连接、浆锚搭接连接的型式检验合格报告。

（3）预制构件混凝土用原材料、钢筋、灌浆套筒、连接件、吊装件、预埋件、保温板等产品合格证和复检试验报告。

（4）灌浆套筒连接接头抗拉强度检验报告。

（5）混凝土强度检验报告。

（6）预制构件出厂检验表。

（7）预制构件修补记录和重新检验记录。

（8）预制构件出厂质量证明文件。

（9）预制构件运输、存放、吊装全过程技术要求。

（10）预制构件生产过程台账文件。

16.4 预制构件安装常见质量问题及控制要点

1. 预制构件安装常见质量问题

装配式混凝土建筑施工环节容易出现的质量问题、危害、原因及其预防措施见表 16-3。

表 16-3 装配式混凝土建筑施工环节容易出现的质量问题、危害、原因及其预防措施一览表

序号	问题	危害	原因	检查	预防与处理措施
1	与预制构件连接的钢筋误差过大、加热烤弯钢筋	钢筋热处理后影响强度及结构安全	现浇外留钢筋定位不准确，构件预留钢筋误差偏大	质检员、监理	(1) 现浇混凝土时需用专用模板对钢筋进行定位 (2) 浇筑混凝土前严格检查 (3) 不合格的预制构件禁止出厂
2	套筒或浆锚预留孔堵塞	灌浆料杂合物灌不进去或者灌不饱满，影响结构安全	残留混凝土浆料或物异入	质检员	(1) 固定套管的脱拉螺栓锁紧 (2) 脱模后出厂前严格检查 (3) 采取封堵保护措施
3	灌浆不饱满	影响结构安全	没有严格执行灌浆作业操作规程，或施工时灌浆设备发生故障，接缝封堵与分仓出现质量问题	质检员、监理	(1) 培训作业人员 (2) 配备备用灌浆设备 (3) 保证接缝封堵和分仓的质量 (4) 质检员和监理全程驻站监督

序号	问题	危害	原因	检查	预防与处理措施
4	安装误差大	影响美观和耐久性	预制构件几何尺寸偏差大或者安装偏差	质检员、监理	（1）定期检查制作模具自身和组装着的质量 （2）调整安装偏差
5	临时支撑点数量不够或位置不对	预制构件安装过程中受支撑力不够，影响结构安全和作业安全	设计环节、制作环节发生遗漏或错误；现浇混凝土中忘记预埋支撑点	质检员	（1）设计、制作、施工人员要进行早期协同 （2）严格进行制作过程的隐蔽检查验收 （3）现浇混凝土浇筑前严格检查
6	后浇筑混凝土钢筋连接不符合要求	影响结构安全，造成安全隐患	作业空间狭小或施工人责任心不强	质检员、监理	（1）后浇区设计考虑作业空间 （2）做好隐蔽工程的检查验收
7	后浇混凝土蜂窝、麻面、胀模	影响结构耐久性	混凝土质量或振捣存在问题，模板固定不牢	监理	（1）保证混凝土质量满足要求 （2）振捣要及时，方法要得当 （3）按要求加固现浇模板

（续）

序号	问题	危害	原因	检查	预防与处理措施
8	构件破损严重	很难复原，影响耐久性及建筑结构防水	安装工人不够熟练	质检员、监理	（1）加强人员培训、规范作业流程 （2）对预制构件采取保护措施
9	防水密封胶施工质量差	影响耐久性及建筑结构防水	密封胶质量存在问题或打胶施工人员不专业	质检员、监理	（1）选择优质的密封胶 （2）作业前对打胶人员进行培训 （3）采用专用的作业工具
10	楼层标高出现偏差	影响结构验收	放线时标高出现问题或者预制构件安装出现偏差	监理、质检员	（1）严格按要求进行放线作业 （2）质检员在预制构件安装就位后认真检查标高，并做好记录
11	后浇混凝土支模或浇筑后墙板移位	影响结构成型质量	支模或浇筑不精心造成墙板移位；墙板支撑不牢固	质检员、监理	（1）严格按要求进行后浇混凝土支模和浇筑 （2）支模后对墙板进行二次调整 （3）调整墙板斜支撑安装牢固

2. 预制构件安装质量控制要点

预制构件安装涉及结构安全和重要使用功能的质量问题和关键问题，主要有以下几个方面，在实际安装过程中应特别注意。

（1）现场伸出钢筋的质量保证

预制构件伸出钢筋的误差控制有两类，一类是横向钢筋长度的误差控制，如预制梁上的伸出钢筋，是通过机械套筒或灌浆套筒进行连接的，如果短了，现场工人有时不做任何处理就直接接上了，这样会造成很大的结构安全隐患。另外一类是竖向钢筋的长度误差和位置误差控制，如预制剪力墙或预制柱的灌浆套筒或浆锚搭接方式的伸出钢筋，如果短了也会造成极大的结构安全隐患。同样，如果埋设位置不对，钢筋根本就插不到套筒或者浆锚孔里去，现场工人这时往往会采用锤子砸、用火烤的方式来弯曲钢筋，这些野蛮操作也会导致钢筋的连接性能失效，造成重大的结构安全隐患。

（2）及时灌浆作业

对于灌浆的时机，相关国家标准和行业标准并未给出明确规定。在实际施工过程中，灌浆作业目前有两种情况，随层灌浆和隔层灌浆。随层灌浆是竖向预制构件安装完毕后，预制构件除自身重量不受其他任何外力的情况下完成灌浆。隔层灌浆是竖向预制构件安装完毕后，上一层甚至两层的拼装都结束后再进行灌浆。由于竖向预制构件安装后，只靠垫片在底部对其进行点支撑，靠斜支撑阻止其倾覆，灌浆前整个结构尚未形成整体，如果未灌浆就进行本层混凝土的浇筑或上一层结构的施工，施工荷载会对本层预制构件产生较大扰动，导致尺寸出现偏差，甚至产生失稳的风险。因此，建议采用随层灌浆。但是，如果施工工序安排不紧凑就有可能对施工进度产生较大影响，导致延长工期。有的施工企业为了追求进度，采用隔层甚至隔多层灌浆，这样风险性很大。为了保证施工安全，建议采用优化工序，严格流水作业的方式来保证进度，而不应当冒险隔层灌浆。

（3）灌浆作业质量

为确保灌浆作业质量，至少应做到以下几点：

1）采用经过验证的钢筋套筒和灌浆料配套产品。

2）灌浆作业人员应是经培训合格的专业人员，必须严格按技术操作要求执行。

3）操作施工时，应录制灌浆作业的视频资料，质量检验人员或旁站监理应进行全程施工质量检查，提供可追溯的全过程灌浆质量检测记录。

4）检验批验收时，如对套筒灌浆连接接头质量有疑问，可委托第三方独立检测机构进行非破损检测；当施工环境温度低于5℃时，可采取加热保温措施，使结构构件灌浆套筒内的温度达到产品使用说明书要求；有可靠经验时，也可采用低温灌浆料。

5）及时灌浆。

（4）临时支撑架设与拆除

按照现行规范要求，临时支撑拆除时间应该由设计方确定，所以：

1）设计方应明确给出临时支撑的拆除时间。

2）设计方给出的拆除时间应根据施工方提供的实际的施工荷载情况进行复核判断后给出。

3）如果设计方没有时间、精力或者是没办法进行准确判断的话，至少应该参照拆模板的规范要求给出临时支撑的拆除时间。

（5）接缝密封胶施工

选用外挂墙板的建筑密封胶时，应要求该密封胶具有一定的弹性，在侧向力的作用下应有足够的压缩空间，以避免把地震的侧向力传递给主体结构，造成主体结构的损害。

应用建筑密封胶进行外挂墙板施工时，如果密封胶的质量不好或者施工工艺不对而导致漏水的话，会损坏内部的保温层，而保温层失效后很难维修，会使得建筑的保温功能受到严重削弱。

第17章 预制构件安装作业安全
　　　　与文明生产

　　本章介绍预制构件安装作业安全生产要点（17.1）和预制构件安装作业文明生产要点（17.2）。

17.1　预制构件安装作业安全生产要点

　　预制构件安装作业开始前，一般应对安装作业区进行围护并做出明显的警戒标识，见图17-1和图17-2。也可选择用警戒线或者雪糕筒作为警戒标识，见图17-3。特殊情况下，还可安排专人进行旁站管理，采取上述手段和管理的目的就是严禁与安装作业无关的人员进入安装作业区。

图17-1　拉绳警戒危险区域

图17-2　安装作业区两侧拉绳警戒

图17-3　安装作业区雪糕筒警戒

1. 高空作业安全防范要点

（1）装配式混凝土建筑施工应严格执行国家、地方和行业的安全生产法规和企业的规章制度，落实各级各类人员的安全生产责任制。

（2）吊装作业须使用专用吊具、吊索等，施工使用的定型工具式支撑、支架等，应进行安全验算，使用中进行定期、不定期的检查，确保其处于安全状态。根据《建筑施工高处作业安全技术规范》JGJ 80 的规定，预制构件吊装人员应穿安全鞋、佩戴安全帽和安全带。在预制构件吊装过程中有安全隐患或者安全检查事项不合格时应停止高空作业。

（3）吊装过程中进行摘钩以及其他攀高作业应使用梯子，且梯子的制作质量与材质应符合规范或设计要求，确保安全。

（4）吊装过程中的悬空作业处，要设置防护栏杆或者其他临时可靠的防护措施，图 17-4 为爬升式脚手架、图 17-5 为附着式外挂脚手架、图 17-6 为高空作业安全防护栏。

图 17-4 爬升式脚手架

图 17-5 附着式外挂脚手架

（5）使用的工器具和配件等，要采取防滑落措施，严禁上下抛掷。

（6）预制构件起吊后，预制构件和起重机下严禁站人。

（7）预制夹芯保温外墙板后浇混凝土连接节点区域的钢筋连接施工时，不得采用焊接连接。

图 17-6　高空作业安全防护栏

2. 吊装作业安全防范要点

（1）预制构件起吊后，应先将预制构件提升 30cm 左右后，停稳预制构件，检查钢丝绳、吊具和预制构件状态，确认吊具安全且预制构件平稳后，方可缓慢提升预制构件。

（2）起重机吊装区域内，非作业人员严禁进入；吊运预制构件时，预制构件下方严禁站人，应待预制构件降落至距地面 1m 以内方准作业人员靠近，就位固定后方可脱钩。

（3）起重机操作应严格按照操作规程操作，操作人员需持证上岗。

（4）遇到雨、雪、雾天气，或者风力大于 5 级时，不得进行吊装作业。

（5）高空应通过牵引绳改变预制构件方向，严禁在高空直接用手扶预制构件。

（6）夜间施工必须保证照明达到施工的要求。

（7）吊装就位的预制构件，斜支撑没有固定好前不能撤掉起重机吊钩。

（8）起重机与建筑上预埋件的固定连接必须保证安全

可靠。

(9) 施工过程中使用的工具、螺栓、垫片等辅材要有专用的工具袋,防止施工过程中工具、材料坠落发生危险。

(10) 预制构件安装作业前,作业人员要穿戴好应有的护具,如:安全帽、安全鞋、安全带、反光背心等。

17.2 预制构件安装作业文明生产要点

文明生产是指保持施工现场良好的作业环境、卫生环境和工作秩序。

1. 文明生产的内容

(1) 规范施工现场的场容。

(2) 保持作业环境的整洁卫生。

(3) 科学组织施工,使生产有序进行。

(4) 减少施工对周围居民和环境的影响。

(5) 保证职工的安全和身体健康等。

2. 文明生产的要求

装配式混凝土建筑工程文明施工应符合以下要求:

(1) 装配式混凝土建筑施工要有整套的施工组织设计或施工方案,施工总平面布置紧凑、施工场地规划合理,符合环保、市容和卫生要求。

(2) 有健全的施工组织管理机构和指挥系统,岗位分工明确,工序交叉合理,交接责任明确。

(3) 预制构件存放场地有严格的成品保护措施和制度。

(4) 各种原材料、半成品、预制构件、预制部品、临时支撑、设备、工具、吊具等按平面布置存放整齐。

(5) 施工场地平整,道路畅通,排水设施得当,水电线路整齐,机具设备状况良好,使用合理。

（6）降低声、光污染，减少夜间施工对周围居民及环境的干扰。

（7）搞好环境卫生管理，包括施工区、生活区环境卫生和食堂卫生管理。

（8）部品部件的包装物要及时清理，并送至指定地点堆放。

（9）现场需设立垃圾回收点，见图17-7。

（10）文明施工应贯穿施工过程及结束后的清场。

图17-7 现场垃圾回收点